沢の鶴 一四代目

西村隆治

灘の蔵元三百年

国酒・日本酒の謎に迫る

径書房

灘の蔵元三百年

国酒・日本酒の謎に迫る

沢の鶴 一四代目
西村隆治

昔の酒蔵
天恵美酒
沢の鶴
芳醇無比

灘の蔵元三百年

国酒・日本酒の謎に迫る

もくじ

芳醇無比
澤之鶴

はじめに

沢の鶴の創業は、享保二年（一七一七）。江戸幕府八代将軍徳川吉宗の時代で、大岡越前守忠相《ただすけ》が江戸町奉行に抜擢された年です。

米屋を営んでいた初代が、副業として酒造りを始めたのがきっかけで、現在、沢の鶴のマークの一つになっている「※」印は、米の字からとっています。沢の鶴が米にこだわり、米だけの酒・純米酒にこだわっているのは、この発祥に由来します。

沢の鶴一四代目になる私は、昭和二〇年（一九四五）一月に生まれ、大阪府の春日村奈良（現在の茨木市奈良町）で育ちました。

住んでいたのは、二〇〇年ほど前に建てられた古い家です。生活には少し不便でしたが、樹木が繁り、なんとなく気分の落ち着く作りでした。今も私が文化財や庭園に興味をもっているのは、この生活環境のせいかもしれません。

また、沢の鶴の先代社長の父（西村泰治）の影響もあります。父は社寺巡りが趣味で、幼い私を連れ、京都の松尾大社、平安神宮、金閣寺、銀閣寺など、奈良では春日大社、橿原神宮《かしはらじんぐう》、三輪大社など、また、家の宗旨である黄檗宗《おうばくしゅう》の大本山・宇治の萬福寺などにもよく出かけていきました。

それと、子供のころ、私の家には毎月、お坊さんが「月参り」にやってきました。このお坊さんが大の酒好きで、読経のあと、父が家に居れば必ず父と一緒に酒を飲みます。母はあまりいい顔をしませんでしたが、私はその席で、仏教の話、修行の話、その他のよもやま話を聞くのを楽しみにしていました。

こんなことで、神仏や信仰のことを含め、文化的なことに興味をもったのかもしれません。お酒といえば、私も子供のころから、盆と正月には皆と一緒に酒を口にしていました。といってもほんの真似ごと程度で、むしろ唎《き》き酒《ざけ》といった方がいいかもしれません。これは古くからの我が家の習わしでした。

雑誌『酒』の編集長であった佐々木久子氏は、「お酒も三歳ぐらいから口にしないと味はわからない」といわれていました。人間の味覚は三歳から六歳ぐらいに最も発達するらしいのです。この意味では、私は幼いころから酒に対する訓練を積んできたといえましょう。しかし、決してそれで強くなったわけではありません。多少は味がわかるようになったくらいでしょうか。

大学では法学を学んだのですが、むしろ哲学に興味がありました。東洋文明と西洋文明の違いに関心があり、系統的に勉強したわけではありませんが、いつもそういう関係の本を読んでいました。大学院に進学したころから、当時沢の鶴の社長であった父より、後を継いでほしいとの要請を受けるようになりました。日本酒は日本文化の代表なので、酒造りの仕事も面白いかもしれないと思い、自分なりに大学での研究を一段落させたあと、昭和四九年（一九七四）、沢の鶴株式会社に入社しました。二九歳のときです。

入社して驚いたのは、周囲に日本酒が文化であると思っている人がほとんどいないということでした。酒蔵や道具、醸造の技術、そして杜氏《とじ》や蔵人《くらびと》の立居ふるまいなど、酒造りは多くの文化と伝統を継承しています。しかし、それを文化と意識して語る人がいません。これはあてが外れた感じでした。

「日本酒は文化である」といっても、まさに暖簾《のれん》に腕押し。というよりは、かえって手厳しい反撃にあいました。

「文化などと偉そうなことはいわない方がよい」「酒造りは単に企業・産業として存続しているのであって、文化的だからではない」「だいたい文化は金にならない」などといわれたものです。蔵元の人々も、流通関係の人も、役所の人も同じような反応でした。昭和五〇年（一九七五）当時は、まだ高度経済成長の流れの中にあって、量的志向が強く、質はあまり問題にされませんでした。まして、「文化」などというわかりにくい言葉は語るべきではないと考えられていたのです。

そこで、昭和五三年（一九七八）、私は全国で初めて、公開の酒蔵資料館「昔の酒蔵・沢の鶴資料館」を作りました。酒造りの文化、日本酒の文化を実際に形にしたかったからです。

また、平成一六年（二〇〇四）には、日本酒造組合中央会と有識者の方々の賛同を得て、「日本酒で乾杯推進会議」を立ちあげました。「日本酒で乾杯」という言葉を象徴として、日本の文化を考え、良き日本文化のルネッサンスにつなげたいというのが、この会の趣旨です。現在、会員数は3万4000人を数えるに至り、嬉しく思っています。日本酒は日本文化の粋であるということが理解されつつあります。

さて、私が沢の鶴の社長に就任したのは昭和五九年（一九八四）、三九歳のときです。父は満七六歳でした。

大きな節目である社長就任にあたって、父に「何か言葉をください」といったところ、父はすこし考えて「日本酒は百年戦争やからな」と呟くようにいったものです。これは「あせるな」ということかもしれないし、「短期でものを見るな、日本酒は長期戦や」という意味だったのかもしれません。

父は、会社の規模を大きくすることにはあまり興味を示さず、いちばん嫌がったのは商品を安売りすることでした。また色紙に揮毫《きごう》することを頼まれた場合、「誠」の一字を書くことが多くありました。今から思うと、大阪の商人《あきんど》の文化・伝統を受け継いでいた証《あかし》かもしれません。

今や、私が社長に就任してから三〇年が経過しようとしています。その間、さまざまなことを経験しました。

平成元年（一九八九）には清酒の級別廃止、それに続いての小売免許の自由化という衝撃的な施策に立ちあい、また平成七年（一九九五）には、阪神・淡路大震災にも遭遇しました。そしてその後の長期にわたる日本酒需要の低迷。

日本酒は、国酒であるといわれながら、全アルコール飲料の中でのシェアは6・7％（平成二三年度）まで落ちこんでいるのです。世界の民族酒の中で、こんなにシェアの低いものはありません。

これは一体どういうことなのでしょうか。

日本人は日本文化の粋であるといわれた日本酒を見放したのでしょうか。いや、日本人は日本人としての魂を失ったのでしょうか。大きな謎です。

思えば、私は日本文化の大激変期を生きてきたことになります。それにしても日本酒は、この先どのような推移をたどるのでしょうか。

沢の鶴の創業から三〇〇年近く経過し、私が入社して四〇年、社長になって三〇年の歳月が流れようとしています。この時点に立って、日本酒に関わるさまざまな問題や謎について、私の考えを書き記しておきたいと思います。

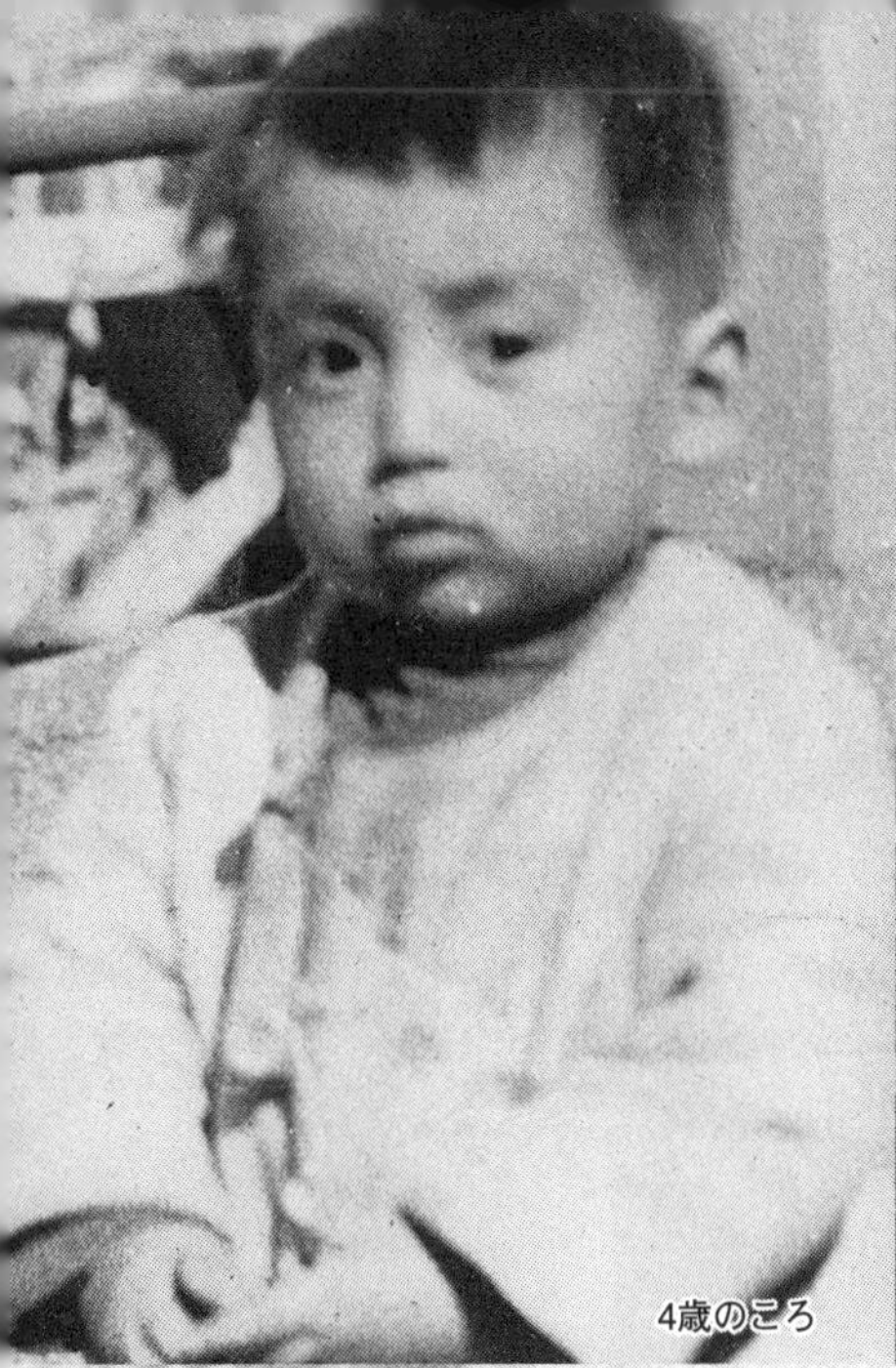

4歳のころ

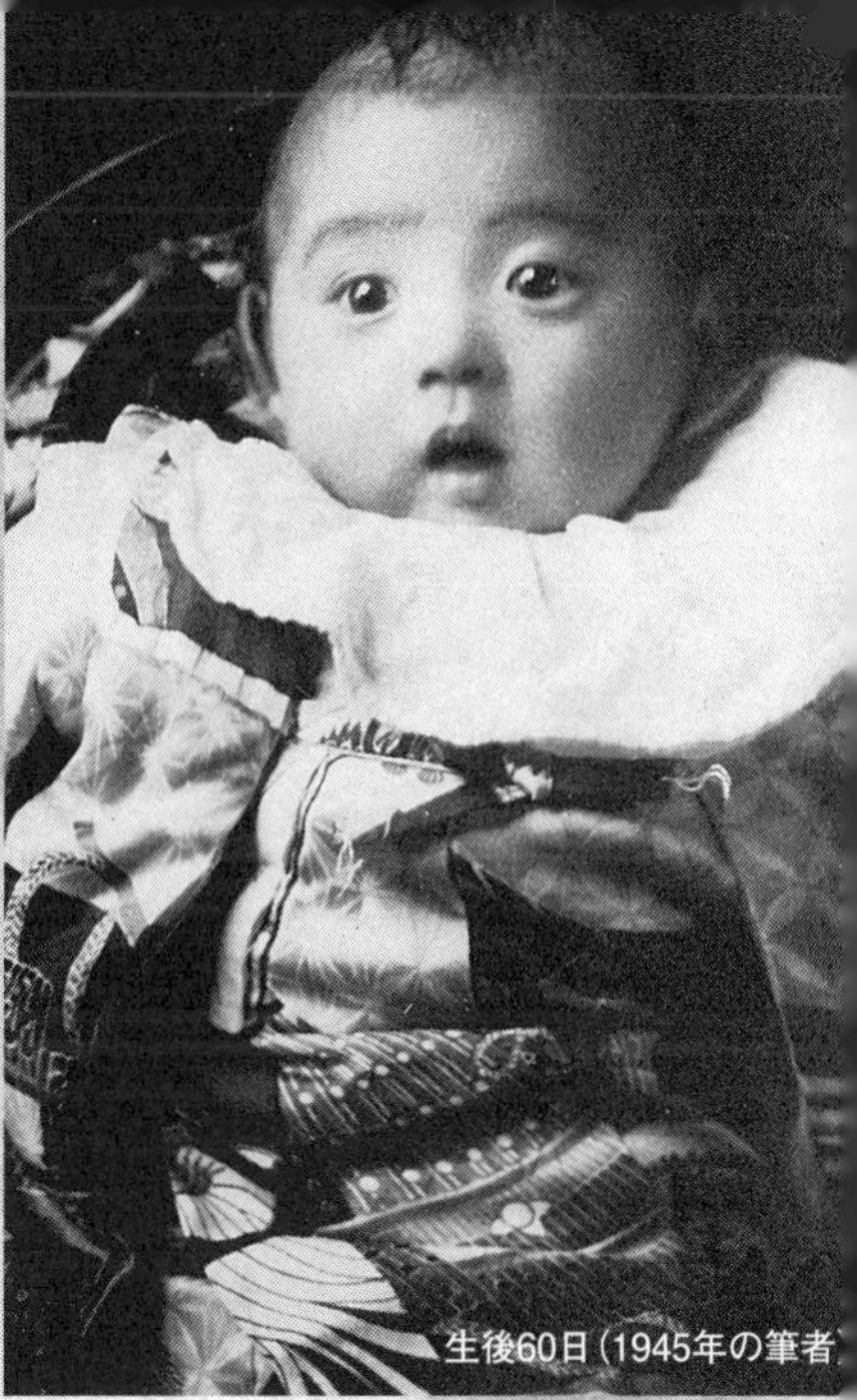

生後60日（1945年の筆者）

小学生のころ、父と

中学3年、自宅玄関前で

カヤ葺きの屋根

大きな楠が3本

自宅の塀の前で（1960年

京都大学にて、大学院生のころ

両親（1986年）

一家そろって（1960年ごろ）

講演をする筆者(1995年)

第一章　今、日本酒が新しい

一　ワインのソムリエが日本酒の勉強を始めた！

ちょっと古い話になりますが、日本のソムリエの草分けともいえる木村克己氏から聞いた話を紹介しましょう。

昭和六一年（一九八六）、第一回パリ国際ソムリエコンクールの会場は異様な雰囲気に包まれていました。各国のコンテストで最優秀の栄誉を得たソムリエたちにまじって、はるか東洋の片隅にある日本から来たソムリエ木村克己氏（当時三二歳）が、優勝候補の一角を占めていたからです。しかも、第一回の記念大会なのです。

しかしながら、審査員はそんなに甘くはありませんでした。結果は、第四位入賞となりました。それでも、ワインの本場の人たちからみれば大変なことで、木村氏はたちまち現地のマスコミやソムリエたちに取り囲まれ、質問攻めにあいました。ところがその質問は、コンテストの対象となったワインについてではありません。

彼らが質問したのは、日本酒についてだったのです。

「あなたの国にはサケという素晴らしい醸造酒がある。それはどういう特徴をもっているのか。造り方は？　どういう風にサービスするのか」

これらの質問に対して、栄光に輝いた日本人のソムリエは、一切答えることができなかったといいます。

恥ずかしい！　それが彼の気持ちでした。

そのときのことを、木村克己氏は語ります。

「相撲や歌舞伎など、エキゾチックなイメージがあるのでしょう。世界の人たちにとって、日本はとても興味深い国なのです。そして米からすごい酒を造るらしいと、日本酒についても噂に聞いているようで、いろいろな質問を受けたのです。ところが私は、日本酒についての知識をまったくもっていませんでした。それこそ、お米とお水で造るのだろうという程度です。質問に答えられない自分を、ほんとうに恥ずかしいと思いました」

今、外国に大勢の人が出ていき、日本人の国際化が進行していますが、せっかく日本から世界に出ていっても、日本のことを聞かれて、きちっと答えられる人が何人いるでしょうか。

本当の国際化とは、日本のアイデンティティを確立することです。本当の国際人とは、日本とは何か、日本人とは何かを正しく理解している人のことです。単に英語がしゃべれる人のことではありません。

海外に渡航する人たちは、知らないうちに恥をかいてはいないでしょうか。海外では、自国の文化を知らず、自国の文化について語り得ない人は、およそ一人前の人間として認めてもらえないのです。

「本来なら、やはり自分の国の文化である日本酒を充分に勉強してから、外国の文化であるワインを勉強するべきだったのです。私は順番をまちがっていたのだと思いました。そして、ワインの側から見た日本酒の姿を捉えてみたいと思いました」

木村氏と彼のグループのソムリエは、日本酒の勉強を始めました。そして驚きました。驚きつつ到達した結論がこれです。

①今、日本酒が新しい。

②日本酒は世界一繊細な酒である。

③日本酒は世界一の感性と技術で造られる酒である。

平成二年（一九九〇）、彼らが中心となって、「日本酒サービス研究会」が生まれ、日本酒のソムリエ（唎酒師）の認定制度が、日本酒造組合中央会との協力により誕生しました。現在は「日本酒サービス研究会・酒匠研究会連合会（ＳＳＩ）」として活動を継続しています。

二　ソムリエたちの驚きと結論

それにしても、ソムリエたちが、「日本酒が新しい」と強く感じたのはなぜでしょう。ソムリエたちがワインについては精通していたけれども、日本酒についてはよく知らなかったということもあるでしょう。しかしそれだけではありません。ワインを通して鍛錬していた舌で日本酒を味わってみると、その品質のレベルが素晴らしかったからです。そして、それぞれの銘柄、それぞれの蔵元が古い歴史と伝統をもち、地域の文化を担っているということにも気がついたのです。

「これはただごとではない。このようなすぐれた酒を知らなかったとは！」

ソムリエたちはそう思いました。

「こんなに素晴らしい酒、日本酒を世界の人々はほとんど知らない。世界の人々はまったく新しい酒として日本酒を歓迎するだろう。この日本酒を世界中の人々に知らしめなければならない。それが私たちの使命である」

しかし翻って考えると、肝心の日本人は、このことに気づいているでしょうか。「古女房のことはほとんど知らない」という状態と同じで、多くの日本人は日本酒のことなど、ほとんど意識していないのではないでしょうか。その品質の素晴らしさ、世界のアルコール飲料と比べて、勝るとも劣らない凄さについてわかっていないのではないでしょうか。

「日本人に対しても、日本酒をまったく新しいアルコール飲料として紹介していかなければならない」

木村氏と彼のグループのソムリエたちは、そう思ったのです。


ソムリエたちが驚いたのは、彼らが知るかぎり、日本酒ほど温度や光によって変化するアルコール飲料はないということでした。さらに驚いたのは、同じ醸造酒のワインが、日本においても相当丁寧に扱われているのに比べ、日本酒はまことにゾンザイに扱われているということでした。日本酒もワインと同様かそれ以上、光が直接あたることは避けなければなりません。高い温度での保存も品質を変化させます。いわゆる冷暗所での保存が必要なのです。

これは、光や温度によって主として酸化が進み、内容成分が変化するからです。日本酒の場合、その内容成分として酸度が高くないこと、また抗酸化物質（ポリフェノールなど）が、一部の酒質（生酛《きもと》造りなど）を除いて多くないことがその要因です。

日本酒は、光の影響、温度の影響を最も受けやすい繊細な酒であるがゆえに、温度によって味わいが大きく変化するのです。燗《かん》の温度について昔からいろいろにいわれてきたのはこのゆえです。人肌《ひとはだ》燗、ぬる燗、上燗、熱燗という言葉があるように、燗の温度ひとつで、さまざまな味わいが楽しめる繊細さがある。ソムリエたちは、このことにも驚きを隠せませんでした。

さらにソムリエたちは、日本酒がどのようにして造られているのかを知り、その複雑さ、難しさ、伝統の中で磨かれてきた技術の高さ、感性の鋭さにも驚かされます。この内容については、次節で詳述したいと思います。

三　日本酒は世界三大醸造酒の一つ

ここでは改めて、ソムリエたちを驚かせた日本酒の特徴について、基本的なことをまとめてみます。

醸造酒と蒸留酒の違い

酒とは、アルコール（エチルアルコール）の入った飲み物のことです。日本の酒税法では、アルコール分が1度（1％）以上のものを酒としています。

酒は醸造酒と蒸留酒に大別されます。

醸造酒は、穀類・果実を原料とし、酵母菌などの微生物の性質をうまく利用して発酵を行わせ、その発酵原液をそのまま飲む酒です。日本酒、ワイン、ビール、老酒《ラオチュウ》などが醸造酒です。

他方、蒸留酒は、醸造酒の発酵原液を加熱して揮発成分を蒸発させ、それを冷却し、濃縮したものを飲む酒です。焼酎、ブランデー、ウィスキー、白酒《パイチュウ》、スピリッツなどが蒸留酒です。

わかりやすく表現しましょう。

日本酒を蒸留すると米焼酎ができます。
ワインを蒸留するとブランデーができます。
ビールを蒸留するとウィスキーができます。
老酒を蒸留すると白酒ができます。

醸造酒と蒸留酒の違いを単純化して記しました。

醸造酒の三つのタイプ

世界では多種類の醸造酒が造られていますが、それを大別すると三つのタイプになります。

第一は、原料中の糖分をそのままアルコール発酵させる方法。これは「単発酵」といわれ、ワインがこの方法の代表です。

ワインは、ワイン酵母が働いて、原料であるぶどうの糖分をアルコールに変えます。そのため、ぶどうそのものの品質の良否がワインの品質を決めることになります。ぶどうの木、畑、天候などの自然的条件、及びぶどうの栽培技術がたいへん重要です。

第二は、原料中のデンプンを糖化（糖分に変えること）したあとにアルコール発酵させる方法。これは「単行複発酵」といわれ、ビールがこの方法の代表です。

ビール醸造には大麦の麦芽を使いますが、この麦芽に含まれる糖化酵素が大麦のデンプンを麦芽糖などに変え、その後ビール酵母を用いてアルコール発酵をさせます。

第三は、糖化とアルコール発酵を同時に進行させる方法です。これは「並行複発酵」といわれ、日本酒と老酒がこのタイプです。

原料中に含まれるデンプンをこうじ菌が糖に変え、その糖を酵母菌がアルコールに変えていきます。このふたつの段階が同時に進行するので並行複発酵といわれます。

この場合、複雑で微妙な糖化と発酵をうまくバランスをとりながら進めていくことになります。

鋭い感性と高度な技術が必要です。
日本酒と老酒は、同じような発酵過程を経ますが、原料処理、用いるこうじ菌や酵母菌、醸造技術などは、日本酒の方が格段に洗練されています。ソムリエたちが驚いたのも無理はありません。

日本酒醸造の基本

日本酒の醸造には多くの作業工程がありますが、単純化して原理的に示せば図1のようになります。

日本酒の原料は米と水ですが、直接アルコール発酵に関わるのは米デンプンです。米に含まれる米デンプンを、糀菌が働いて小さく寸断してブドウ糖に変えます。そのブドウ糖を、酵母菌が働いてアルコールに変えます。アルコール発酵を行うのは酵母菌ですが、酵母菌はデンプンを小さく寸断した糖（ブドウ糖など）でなければ食べることができず、アルコール発酵をすることができません。糀菌が働くことによって酵母菌が働けるようになる、この二段階の工程が同時に行われるので、前にも述べたように、「並

図1　日本酒醸造の基本

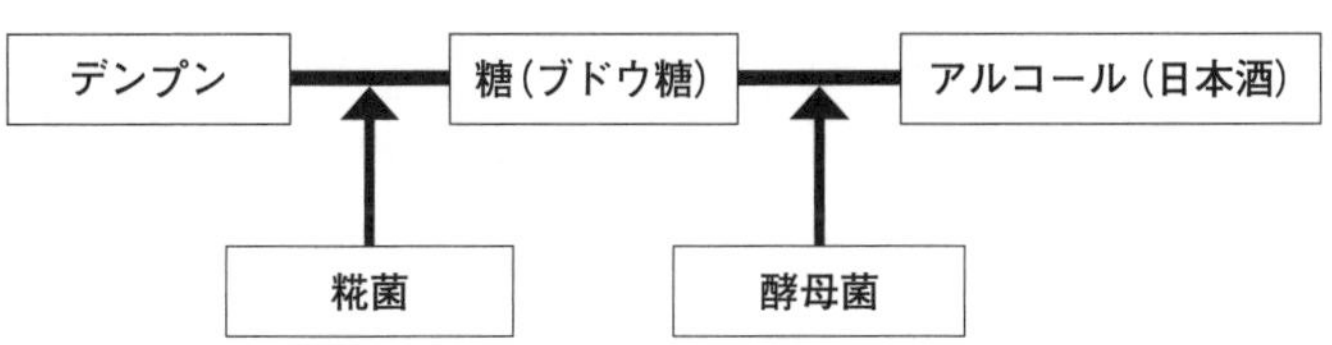

行複発酵」と呼ばれるわけです。

デンプンを寸断して糖に変えるのはこうじ菌です。こうじ菌は、味噌や醤油の製造にも使われる有益なカビです。しかも日本で使用されているこうじ菌は、「国菌」にも指定されている特異ですぐれた働きをするカビなのです。これについては、91頁以下でさらに詳しく述べることにします。

また、カビの一種であるこうじ菌は、その付着・生成するものによって表記が変わります。麦に生える場合は「麹」とされ、米に生える場合は、一般には「糀」が使用されます。本書では、米由来のこうじ菌については「糀」と表記することにします。

日本酒醸造の全体の工程図を図2に示しました。

図の中にもある、日本酒醸造でとりわけ重要な酒母《しゅぼ》（酛《もと》ともいう）について説明しましょう。

本格的な仕込み（醪《もろみ》仕込み＝糖化とアルコール発酵）に入る前に、まず酒母（酛）を造ります。蒸米と糀と酵母菌と水を混合して、純粋で優良な酵母を大量に育成するのです。このとき、酒を悪くする雑菌などを抑える働き（殺菌作用）をするのが、乳酸菌または乳酸です。

糀などに付着している乳酸菌を自然増殖させることによって乳酸を生成させるのが伝統的な手法で、これを生酛系酒母といいます。手間と日数（三〇日近く）がかかります。

図2　日本酒の醸造工程

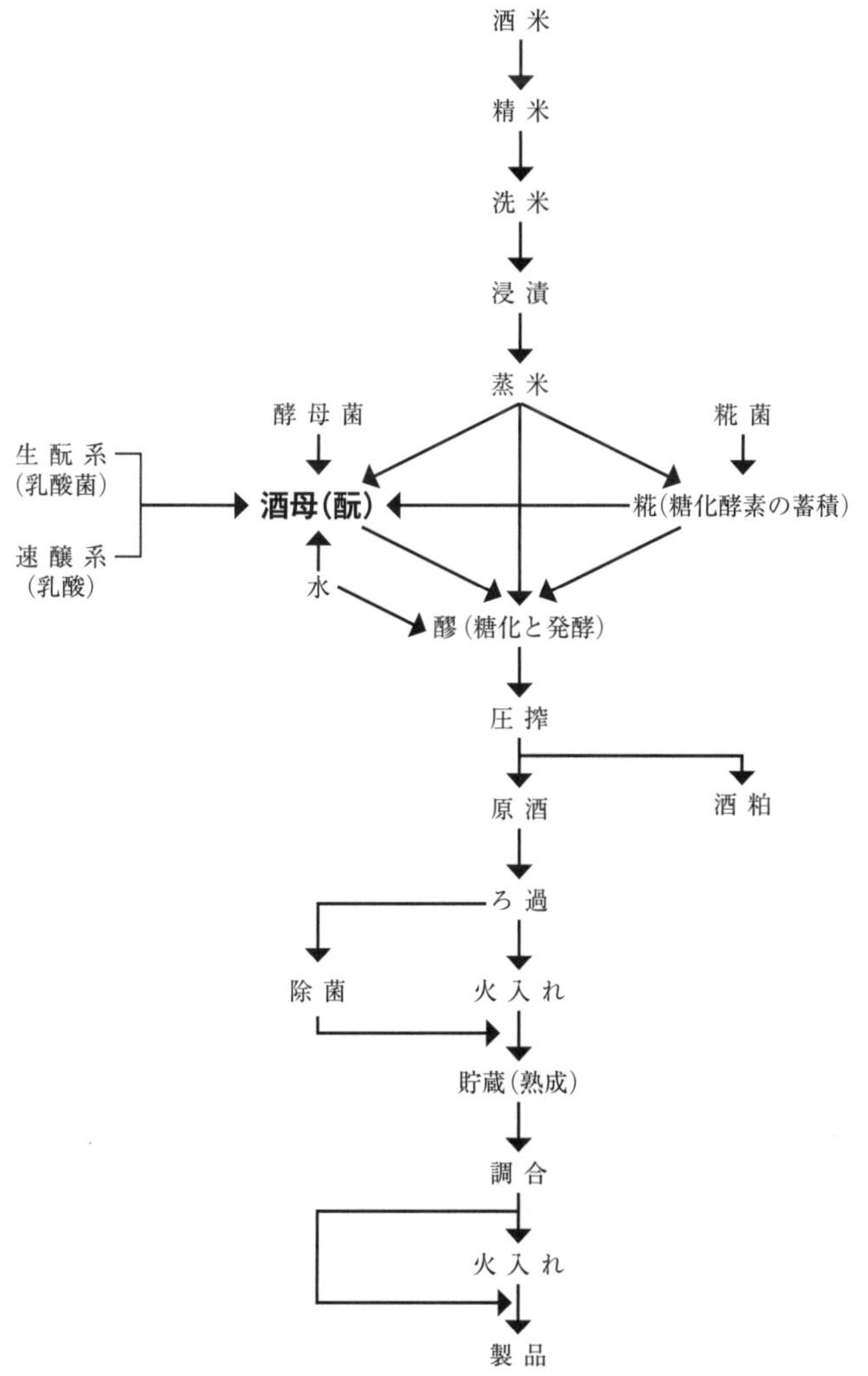
酒 米
精 米
洗 米
浸 漬
蒸 米
酵 母 菌
糀 菌
生 酛 系
(乳酸菌)
速 醸 系
(乳酸)
酒母(酛)
糀(糖化酵素の蓄積)
水
醪(糖化と発酵)
圧 搾
原 酒
酒 粕
ろ 過
除 菌
火 入 れ
貯蔵(熟成)
調 合
火 入 れ
製 品

生酛系酒母には、「生酛」と「山廃酛《やまはい》」がありますが、もともと行われていた「生酛」造りに対して、その工程のひとつ「山卸《やまおろし》」（米をすりつぶす工程）を省略した形が「山卸廃止酛」、つまり山廃酛です。

他方、醸造用乳酸を直接添加する簡便な方法を速醸酛《そくじょう》といい、一五日前後でできます。

それぞれの酒母によって、できあがった酒の味わいに違いが出てきます。

そして、この酒母を使って、いよいよ本格的な醸造（醪仕込み）に入ります。酒母に糀と水と蒸米を加えますが、一回で仕込むのではなく三回に分けて仕込みます。これを三段仕込みといい、江戸時代に灘で完成された方法です。この醪を搾る（圧搾《あっさく》する）ことによって日本酒が誕生します。このあと、火入れなどいくつかの工程を経て市場に出て商品となるのです。

複雑・微妙な並行複発酵という技術を用い、しかも醸造工程を高度に洗練させて、良質な酒を造り出す日本人の智恵と器用さには驚かざるを得ません。まさに日本酒は、世界一の感性と技術で造られる酒なのです。

それゆえ日本酒は、日本が誇る世界三大醸造酒の一つといっても過言ではないのです。

四　日本酒とは？

一般的にいえば、日本酒とは日本民族の酒であり、日本の文化と伝統を担った酒です。日本の豊かな自然の恵みを受けて、日本人が独特の感性と技術で育んできた酒。つまり、日本の自然の最も豊かな産物である米、湿度の多い風土から生まれる米糀、そして豊かな水を活用して生み出した酒であるといえるでしょう。

このことは、酒税法の定義の中でも明らかにされています。日本酒の基本的な形として、「米、米こうじ及び水を原料として発酵させて、こしたもの」とされているのです。

しかし、酒税法では、基本形とは別に「米、米こうじ、水及び清酒かすその他政令で定める物品を原料として発酵させて、こしたもの」（傍点筆者）も同時に日本酒として認めています。これは基本形に対して拡大形というべきでしょうか。

「清酒かす」とは酒粕《かす》のこと。「その他政令で定める物品」とは、アルコールなどの物品ですが、米、米こうじ、水以外のものの重量の合計が米（米こうじを含む）の重量の50%を超えてはならないと明記されています。これは米由来のアルコールが50%以上になること（50%ルール）を担保したもので、日本酒というかぎりは、当然の措置であるというよりも、最低限必要なことです。

しかし、このルールが導入されたのは平成一八年（二〇〇六）であり、それまでは経済酒（低価格の酒）にあっては、添加したアルコールが50％を超えたものも存在しました。一部の人からの三倍増醸酒（＝三増酒）批判も論拠のないものではなかったのです。三倍増醸酒については１０４頁以下で詳述します。

それにしても基本形以外の日本酒、「その他政令で定める物品」を原料として認めた日本酒の拡大形は、「日本酒」として認められるのでしょうか。

実は、酒税法では、これらは「清酒」として定義されており、「日本酒」とは明記されていません。ところが、酒類業組合法（正式名称は「酒税の保全及び酒類業組合等に関する法律」）の施行規則によれば、「清酒」はすべて「日本酒」といいかえてもよいということになっています。これには違和感を覚える人も少なくないでしょう。

米由来のアルコールが50％ぎりぎりの清酒も、あるいは日本産でない米を原料とした清酒、日本の水を使わないで仕込んだ清酒、外国で仕込んだ清酒も、一律に日本酒といってよいのでしょうか。今後議論すべき問題でしょう。

また、清酒＝日本酒という重要な規定が、酒類業組合法の施行規則に記されていることについても違和感を覚えざるを得ません。

これは、本来は「表示法」の中に明記されるべきものです。現行の酒類関係（ビールやウィスキーなども含む）の法制度が酒税法中心に組み立てられており、「酒造法」や「表示法」が独立して存在しないので、このような違和感のある規定になっていると思われます。このことも長期的視点でみれば、改善されるべき問題です。

五　日本酒の種類とその区分

さて、ひとことで日本酒といっても、原料、精米歩合、製造方法などの違いにより、さまざまに区分されます。主なものを示すと次頁の**表1**のようになります。

実は、この区分は製造の立場からみたものです。もちろん、製造方法の違いによって品質は大きく変わってくるのですが、品質の良否については、別に判断しなければなりません。

味わいによる区分

一般の消費者にとっていちばん重要なのは、そのお酒の味わいはどうかということでしょう。この味わいによる区分として一般に用いられているのが「甘・辛」表示です。これは、「甘口・やや甘口・中口・やや辛口・辛口」という五段階評価が一般的です。とくに辛口のものを「大辛」と表示しているものもあります。

注意すべきことは、日本酒には甘く感じる成分、すなわち、糖分や旨味成分は存在しますが、

表1　日本酒の種類とその区分

日本酒の種類	内　容
大吟醸酒	米の品質は1～3等で、精米歩合50％以下、低温長期の吟醸発酵法による酒
吟醸酒	米の品質は1～3等で、精米歩合60％以下、低温長期の吟醸発酵法による酒
純米酒	米の品質は1～3等で、白米・米糀及び水だけで造りアルコール添加を一切しない酒
特別純米酒	グレードの高い純米酒
本醸造酒	米の品質は1～3等で、精米歩合70％以下、アルコール添加量は白米重量の1割以下
特別本醸造酒	グレードの高い本醸造酒
生酒	貯蔵するときも蔵出しのときも一切火入れをしない酒
生貯蔵酒	貯蔵するときは火入れをしないが、蔵出しのときに火入れをして出荷する酒
冷やおろし	定義はないが、一般的には貯蔵するときに火入れをするが、蔵出しのときには火入れをしないで出荷する酒
生一本	単一の製造場のみで醸造した純米酒
原酒	加水調整しないでそのまま出荷する酒
樽酒	木製の樽で貯蔵した木香のついた酒
生酛造りの酒	天然乳酸菌の力を活用した自然製法の酒
山廃仕込みの酒	生酛造りの工程を一部簡素化した自然製法の酒
古酒	長い年月の間貯蔵した酒

辛味成分、いわゆる香辛料で感じる辛味成分は存在しないということです。それでも「甘・辛」と表示されている、これはどういう意味なのでしょうか。これについては、第二章69頁以下の「通の辛口？」で述べることにします。

香りと味による区分

さて、もうひとつの区分は、香りと味の強弱によって分類する四タイプ分類です。日本酒と和・洋・中の料理との相性を考えた場合、この四タイプ分類方法が有効です。それを示してみましょう。

①香りの高いタイプ（薫酒《くんしゅ》）
②軽快でなめらかなタイプ（爽酒《そうしゅ》）
③コクのあるタイプ（醇酒《じゅんしゅ》）
④香りとコクのあるタイプ（熟酒《じゅくしゅ》）

この四タイプの分類については第四章136頁以下の「日本酒の四つのタイプ」で詳しく述べたいと思います。

六　日本酒の現況と展開

日本酒は、昭和四八年（一九七三）、有史以来最大の出荷量を示します。この年、９７２万８０００石※を出荷したことになりますが、これは一升瓶で換算すると一年間に9億７２８０万本を蔵出ししたということです。日本酒は、全アルコール飲料の中で29・2％のシェアをもっていました。当時の製造場数は３３００余りです。

平成七年（一九九五）、阪神・淡路大震災の年、出荷量は、７２６万２０００石となり、最大出荷量を記録した昭和四八年の約75％に減少しています。このときの全アルコール飲料の中でのシェアは、13・１％になっています。当時の製造場数は２３００余りで、１０００場が消えたことになります。

それでも、この年は大震災があったにもかかわらず、全国の出荷量は前年比１０５・４％で増加しました。

ところが、この年以降、日本酒出荷量は一五年間減少を続けることになります。

平成二三年（二〇一一）の日本酒出荷量は、３３４万３０００石で、全アルコール飲料の中でのシェアは、６・７％となっています。このときの製造場数は１７０９場で、昭和四八年の約52％に減っています。

日本酒の出荷量は、なぜこんなに減少し続けるのでしょうか。すこし持ち直した年もありましたが、平成二五年（二〇一三）現在、なお底打ちせずに減少していることに驚かざるを得ません。それは第六章２０９頁以下で詳述することにします。

しかし、その一方で増大しているのは、「日本酒で乾杯推進会議」の会員数で、３万人に到達しています。

それともう一つ、海外への輸出が増えています。輸出は、円高基調が続いたにもかかわらず、平成一四年（二〇〇二）以来、ほとんど毎年上昇を続け、一〇年間でほぼ倍増となりました。その数量は、平成二三年（二〇一一）で７万７０００石余りで、日本酒出荷量の約２・３％とけっして多くはありませんが、世界の人々は、日本酒を新しいアルコール飲料として認め、飲む量を増やしてくれているのです。そしてこれは今後も、増え続けるでしょう。

それに引き換え、日本人は、日本酒離れの状況をなお続けています。なぜこんな状況になったのか、これについても第六章で詳述したいと思います。

ともあれ、ほとんどの日本人は、このような日本酒の状況についてまったく知りません。というよりは無関心です。私たちはこの現実を、直視しなければなりません。

※石《こく》……尺貫法でおもに穀物を量る体積の単位。１石は１８０・39リットル。一升瓶で約１００本。10斗、１００升、１０００合と同じ体積。

第二章　色・香り・味からみた日本酒

一　日本酒と白色信仰

昔から、酒をみる要素として「いろ・あじ・かおり」といわれてきました。しかし、人が酒を飲む順序としては、色を見、香りを嗅ぎ、味をみるのが普通です。「いろ・あじ・かおり」という順番は、語呂が良く、覚えやすいのでそうなったのであって、本来は、「色・香り・味」というべきでしょう。この本ではその順序で述べたいと思います。

ところで、日本酒の「色・香り・味」についても、まだ、不明なところがいろいろあります。ここでは、謎と思われるところ、常識とされるものでも考えるとそうではない点など、日本酒の基本に関わることについて述べたいと思います。

日本酒の良否と色の関係については、かなりの程度研究されていますが、一般にはそれほど知られていません。

まず、日本酒は、無色ないしは透明のものが最も品質が良いといえるのか、という問題があります。昔は、「琥珀《こはく》色の美酒」、「山吹色の美酒」といわれていましたが、米、米糀、水で造った酒、ことに品質が良好な純米酒には、醸造したときに淡い黄色、あるいは、うっすらと琥珀色をしているものが多かったのです。ところが、今はほとんど、そのような言葉を耳にすることはなくなりました。現在の日本酒のほとんどが、無色に近い色、透明に近い色になっているからです。

実は、蔵元では、無色ないしは透明色のことを「白色」といっています。さらに、透明瓶のことを、「白びん」ともいいます。これは、瓶の製造業者も同じです。

そういえば、赤ワイン（Ｖｉｎ Ｒｏｕｇｅ）、ロゼワイン（Ｖｉｎ Ｒｏｓｅ）と並んで白ワイン（Ｖｉｎ Ｂｌａｎｃ）があります。白ワインは雪のような白色ではありませんが、やはり白と呼ばれています。これは一体どういうことなのでしょうか。

人は、透明色と新雪の色、白色を区別できます。にもかかわらず、透明色と白色を同一視する場合があるようです。

言語学者の村山七郎氏によれば、「しろ」という言葉には、古くは二つの意味があったといいます。一つは新雪の色であり、もう一つは輝くもの、光の意味ですが、村山氏によれば、「しろ」は日本本土では八世紀に、新雪の色に統一されたそうです。しかし、沖縄の「おもろそうし※」には、輝くもの、光の意味での記述があるといいます。

※おもろそうし……沖縄の最も古い歌謡集。首里王府が一五三一～一六二三年に、奄美・沖縄地方に伝わる古代歌謡を編纂したもの。

人間は、おそらく、輝くもの、太陽の光（月の光の場合もありますが）に無上の意味を見いだし、またそれらを反射し、それに近いと思われる新雪の白色に神々《こうごう》しさを感じ、同一のもののように感じていたのではないでしょうか。

日本人は、白い色に特別の思いがあります。それは純粋で汚れのない色であり、いわば神の色です。神に仕えるものは白装束であり、御幣《ごへい》※も白色です。そして花嫁は白無垢の衣装です。紙を漉《す》く職人は、「紙は神様の神、白い紙は神に通じる」と考え、不純物のない、より白い紙を追い続けてきました。

白い色は、なぜ神々しいのか。これは、おそらくは太陽の光に関係があると思われます。プリズムによって、七色に分解されるとはいえ、いろいろの色が合一されれば、光は白く（透明に）なります。太陽はすべてのものを育むいのちの源です。天照大神《あまてらすおおみかみ》は、最高神であり、神々しいのです。

日本酒もまた、うすい琥珀色のものよりも、白い（透明の）ものが好まれてきたのでしょう。というわけで、白い（透明の）日本酒と黄色みを帯びた日本酒のどちらがおいしそうに見えるかというアンケートでは、１００％ではありませんが、つねに白い方に軍配が上がります。実際に味わってみると、白い（透明の）ものが、必ずしも味が良いとはかぎりません。しかし、人々は、白い（透明の）方をおいしいと感じてしまうのです。

現在の日本酒には、琥珀色のものが少なくなっていると述べました。これは、技術的には、米を磨くことによって、あるいは醸造方法によって、より白い日本酒を造ることが、以前よりも容易になったがゆえです。

しかし、白い日本酒にはいくつかの問題もあります。

顔に化粧品を使うのと同じような意味合いで、日本酒を白くするために、蔵元は活性炭でろ過をしています。蔵元によってこの活性炭の量はさまざまですが、面白いのは、活性炭を使い過ぎると白く（透明に）なりすぎて、逆に人々に好まれないことです。人は、微妙な色合いの白さ（透明色）を好むというアンケート結果が出ています。また、活性炭を使い過ぎると、炭の香りと味がすることがあり、炭臭がするといって嫌われます。過ぎたるはなお及ばざるがごとしなのです。

醸造したての日本酒に、淡い琥珀色、うすい山吹色のものが多いのは、フラビン系色素によるもので、これは、原料の米、そして米糀、酵母に由来します。それゆえ、淡い黄色は自然な色なのです。しかし、人々はあくまでも白い色の日本酒を良い酒とみてしまうので、米を磨き、糀や酵母を選別し、また活性炭を使用することによって、蔵元は白い酒を造るべく努力しているので

※御幣……裂いた麻や切った紙を細長い木に挟んで、お祓いのときなどに用いる。幣束の敬称。

す。日本酒本来の色のまま、市場の中に、琥珀色の酒、山吹色の酒が多数流通する時代が来ないでしょうか。おそらく、そういう時代が来るまでには、相当の期間が必要でしょう。そう思うほどに、白色（透明色）信仰は根強いのです。

ところで、この醸造したときの淡い黄色と、日本酒が熟成したときの古酒の色とは成分が違っています。古酒は黄色というよりは茶色に近い色です。

また、日本酒は日光や鉄分によっても着色されます。この場合、茶褐色になりますが、これも醸造当初の色とは、成分が異なっています。

さて、今や日本酒のほとんどが白色（透明色）であるとすれば、酒の良否は、色とは関係がないといえるのでしょうか。

そうではありません。人間の肌でも色艶《いろつや》という言葉があります。同じ色であっても艶のいい肌とそうでないものには、天地の差があります。日本酒の場合、「ツヤ」と言い、「冴え、照り」と表現されます。いきいきとした、みずみずしい感じの輝きです。光沢があるともいいます。

冴え、照り、光沢は、色彩の科学ではどう位置付けられるのでしょうか。不明にして定かではありませんが、色の三属性、色相（色み）・明度（明るさ）・彩度（鮮やかさ）のうち、主に彩度に関わるものかもしれません。色調（トーン）というのは、彩度と明度の両方を組み合わせた概念とされているので、色調がすぐれているのかもしれません。

ともあれ、冴え、照り、光沢の良いものは、おいしく感じられ、経験的にいっても実際に良い酒です。淡い黄色であろうと、白色（透明色）であろうと、あまり関係がないのです。それゆえ、日本酒の色をみるというのは、白いか黄色なのかということだけでなく、この冴え、照り、光沢をみることになります。

二　熟成や保存による着色

日本酒は、醸造したあと、貯蔵タンクに保存していようと、瓶詰したあとであろうと、時間の経過とともに、着色が進行します。これは、日本酒の自然の色である黄色系の色というよりは、茶系の色です。当然その内容も異なります。

重要なことは、着色したからといって酒が悪くなっているわけではないことです。むしろ、味が深くなって（コクが出るという）、品質的には良くなっている場合もあります。しかし、品質が良くなるには、保存状態が良くなければなりません。光と温度が重要で、いわゆる冷暗所に保存しなければなりません。蔵元では、貯蔵により品質が良くなる場合を「熟成」、品質が悪くなる場合を「劣化」といいます。

熟成した日本酒は、古酒として販売されています。古酒は、通常蔵元で三年以上貯蔵されて市場へ出ますが、一〇年間貯蔵された十年古酒や、二〇年間貯蔵の二十年古酒もあります。沢の鶴の大古酒「熟露」は昭和四八年（一九七三）に醸造したもので、すでに四〇年ほど蔵の中に眠っています。たぐい稀《まれ》な味わいです。

さて、この熟成によって生じる色の成分は何でしょうか。実は、この色がなぜ生じるかについては、一部しかわかっていません。一つは、一般食品の着色にも見られるアミノ・カルボニル反応によってメラノイジン（含窒素褐変物質）が生成することです。また、日本酒に含まれる糖分がカラメル化することによっても着色が進行します。しかし、これらは、着色のほんの一部であり、内容成分の多い日本酒の反応は複雑なので、多くの部分は未解明です。

それはそれとして、熟成した日本酒の良否は、色によって見分けることができるのでしょうか。

実はこれも、冴え、照り、光沢によって見分けることができます。良い貯蔵状態にある熟成酒は、貯蔵期間が長くなってもみずみずしい輝きを失うことなく、味わい深さが増しているのです。

同じ茶系の色であっても、「熟成」した酒と「劣化」した酒を区別できるのでしょうか。

さて、もう一つ、日光による着色について触れておきましょう。

日本酒は、光によって品質が変化するばかりでなく、色合いも茶褐色に変化していきます。これは日本酒に含まれる酸化されやすい物質が、光のエネルギーによって酸化を促進され、茶褐色の色素になるからです。

日光によって茶褐色に変化した日本酒は、日光臭という特異な香り（ビン香ともいうようです）をもち、味の面でいえば、ふるびた雑味を感じさせるようになります。

日光は、日本酒の色、香り、味を変化させ、劣化させます。命を育む太陽の光ですが、完成された日本酒にとっては好ましいものではないのです。日本酒は世界一繊細な酒であり、温度や光によって品質が変化しやすいにもかかわらず、前述したように、丁寧に取り扱われているとはいえません。ワインに対する取り扱いとは大きな差があります。運送や保存に、気配りをお願いしたいものです。

さらにもう一つ、鉄分による着色について簡単に触れたいと思います。

酒造りに使う仕込み水は、井戸から汲み上げる水で、発酵に有効な成分、カルシウム・マグネシウム・カリウム・ナトリウム・リン酸・クロールなどが含まれています。しかし、ここに鉄分（鉄イオン）が含まれていると、茶褐色に変色し、香味が悪くなります。茶褐色になるのは、日本酒に含まれた内容成分が鉄イオンと結びついて、色のある物質に変化するためです。このことは経験的に明らかでしたので、蔵元が日本酒の仕込みに使う水は、ほとんど鉄分のない水になっています。

原料である仕込み水には鉄分はほとんど含まれていないのに、輸送中や保存中に鉄分が混入することによって、着色が起こることがあります。これは現在では稀です。

色についていろいろ述べてきました。日本酒の本来の色は、赤米などを使っているものは別として、白（透明色）、黄、茶、茶褐色ということになりますが、大事なのは、人間の素肌と同じく、あくまでも、冴え、照り、光沢なのです。

三　香りについて

色についての研究は、かなり進んでいますが、現在のところ、香り、あるいは匂いについての研究は未成熟であるといわざるを得ません。研究が遅れているというよりも、匂いは捉えにくいからでしょう。

現在確認されている有機化合物の総数は、約2000万以上。そのうち、匂いのあるものは約40万と推定されています。さらにその中で人間が匂いとして感知できるものは、約10万といわれています。匂いに敏感な人とそうでない人がいるので、10万種類の匂いを区別できる人はそんなに多くはないでしょうが、通常の嗅覚をもっていれば相当の種類の匂いを嗅ぎわけることができます。

味の場合、日本人にあっては、「甘・辛・塩・酸・苦・渋・旨」と七つの要素に区分するのが妥当であると私は考えますが、同じように匂いをいくつかの要素に分類することは可能でしょうか。

江戸時代の貝原益軒は、匂いを五つに分類していますが、これは中国の分類に従ったものでしょう。中国では、味も「甘・酸・鹹《かん》（塩味の意）・辛・苦」の五つに分類していますので、「五」に特別の意味を感じていたと思われます。他にも、海外及び日本の研究者によって、6種、7種、また8種類などの分類が提案されていますが、なお確定的なものとはいい難いようです。

二〇世紀の初め、ヘニングによって提案された六基本臭「花臭・果実臭・薬味臭・樹脂臭・こげ臭・腐敗臭」は、素朴ではありますが、一般的にはわかりやすいものでしょう。しかし、人間が感知しうる10万もの匂いを6種類で包括しうるのでしょうか。たとえば酢の匂いや漬物の匂い、日本酒の匂い。これらは「発酵臭」といえるかもしれませんが、発酵食品の多い日本人としては、この匂いを基本臭に入れないわけにはいきません。発酵臭は、腐敗臭の対極にあり、人間、とくに東洋人が心地よく感じる匂いです。それに対して腐敗臭は、人間が不快に感じる、嫌な匂いといえるでしょう。

という次第で、香りを分類するとすれば、次の七つの要素にするのが妥当だと私は考えます。

①花臭　②果実臭　③薬味臭　④樹脂臭
⑤こげ臭　⑥発酵臭　⑦腐敗臭

味について、七味が妥当であるように、匂いについても、とりあえずこの七臭がわかりやすいということです。

考えてみると、七という数字は不思議です。七色の虹、世界の七不思議、七つの海、音階も七音、なくて七癖、春の七草、秋の七草、一週間は七日、あの世への旅路も七日ごとの区切り、子供が誕生したらお七夜のお祝い、そして七福神、ラッキーセブンなどなど。

とすれば、匂いもまた七つの要素にまとめるのが、日本人にとっていちばんわかりやすいかもしれません。


日本酒の場合、その成分として、有機化合物の数は、現在700種類ほどが確認されています。これはワイン（600種類ほど）、ビール（500種類ほど）に比べれば、かなり多いことになります。のちに述べますが、米糀や酵母の働きによって、内容成分が多くなっていると思われます。

この成分のうち、匂いのあるものは、約100種類とされています。

この100種類ほどの匂いを、七つの要素に分類することは可能でしょうか。細かくいえば、異論もありえるでしょうが、日本酒の香りを表現する言葉を集めると、実に多様で、90種類を超えるほどとされています。しかし、これらの表現にも、厳密にいえば不適切なものがあり、そのまま使えるとも考えられません。それゆえ、私は七つの要素で大枠を考え、個々の表現を七つにあてはめていくのが妥当だと思います。

四　ハナ吟醸と味吟醸

さて、ハナ吟醸と味吟醸の話です。

特定名称酒の、吟醸酒、ならびに大吟醸酒には、吟醸香と呼ばれる香りがあります。吟醸香の主体は、カプロン酸エチルや酢酸イソアミルなどのエステルとイソアミルアルコールなどの高級アルコールです。

一般の普通酒も、これらの成分を含んでいますが、ごく微量であり、おだやかな香りが立つにすぎません。

ところが、吟醸酒は、これらの成分を普通酒に比べて多量に含んでおり、花臭、果実臭が顕著です。とくにカプロン酸エチルは、華やかで強い香りですから、これが多いものは「ハナ吟醸」と呼ばれます。華やかであると同時に鼻にツーンとくるので、この名前があります。「香り吟醸」ということもあります。俗にリンゴ香が強いといいます。

これに対して酢酸イソアミルの場合は、もうすこしおだやかで、まろやかな甘味のある香りがします。この成分が多く、カプロン酸エチルの少ないものは、「味吟醸」と呼ばれます。俗にバナナ系の香りがすると言います。

総じて、それらは果実臭ということになりますが、実際のところ、花臭というのが適当かもしれません。どちらも、華やかな香りです。

しかし問題があります。諸種の日本酒コンクールにおいて、味吟醸よりもハナ吟醸の方が評価が高いということです。香りの強いものほど印象的で、またわかりやすいということもあって、ハナ吟醸が高位入賞になりやすい反面、香りのおだやかな味吟醸系の日本酒は、すぐれたバランスに仕上がっていても、高い評価が与えられることが少なくなってしまうのです。

そのこともあって、蔵元の造る吟醸酒は、数年来、ハナ吟醸の方向に片寄りすぎています。これは大きな問題です。

たしかに、ハナ吟醸は香りが高く華やかですが、香りが強すぎるものは飲み飽きすることがあり、苦味を感じることも多いのです。これも、過ぎたるはなお及ばざるがごとしということです。

また、ハナ吟醸は、食前酒としてはすぐれた面をもっていますが、食中酒としては大きな欠点があります。料理を食べながら飲むと酒が苦くなるものが多いのです。料理との相性が良くない日本酒は、やはり問題ではないでしょうか。

それに対して味吟醸の方は、香りがおだやかであるため、料理との相性の良いものがほとんどです。食前酒としても食中酒としてもすぐれた酒といえるでしょう。

昔の杜氏は、香りが強すぎる酒について、料理の味にさわるといって、「品がない酒」と表現しました。現在のハナ吟醸について、昔の杜氏は何というでしょうか。

吟醸香を出すのは、主として酵母菌の働きによるので、各地の工業試験所などが酵母菌の改良に取り組み、強い香りを生み出す新しい吟醸酵母もいくつか生まれています。

独立行政法人酒類総合研究所※は、このような事情を考慮して、一〇年ほど前から、新酒鑑評会の出品酒について、香りの高い酒群と香りのおだやかな酒群に分け、それぞれで金賞受賞酒を審査するようになりました。これはまことに妥当な措置です。しかし、このように審査の方法が変わったということも、一般には知られていません。この間の事情をもっと広報すべきではないでしょうか。

なお、沢の鶴の醸造する吟醸酒、大吟醸酒は、料理との相性を考えた味吟醸系のものです。

五　旨味の発見

それでは次に、先ほどからときどき触れている味について述べたいと思います。

世界には実に多種多様な食べ物があり、調理の仕方も千差万別です。長い歴史の中で人々はいかにして「おいしく」食べるかを追求し、だんだんと体系化して、現在の料理文化に結実させました。その代表的なものとして、フランス料理、中国料理、そして日本料理（和食）があります。

※独立行政法人酒類総合研究所……酒類に関する研究機関。法律に定められた目的（酒税の適正かつ公平な賦課、酒類業の健全な発達、酒類に対する国民の認識を高めること）に従って業務を行っている。

日本料理が世界三大料理に数えられるかどうかについては、異論を唱える人も多いかもしれません。海外では、イタリア人はイタリア料理を、トルコ人はトルコ料理をというふうに、自国の料理を三大料理に推すのが常です。それにならえば、日本人が日本料理を三大料理に加えたいというのも頷けるのではないでしょうか。

日本料理の個性は、世界のさまざまな料理の中でも群を抜いていると思われます。昆布（グルタミン酸）やカツオ節（イノシン酸）などの「旨味」を実に巧妙に利用して、他のさまざまな味（甘・辛・塩・酸・苦・渋）をもつ四季折々の多様な素材の特徴をうまく生かす技は、日本料理をおいて他にはありません。

日本料理は、単に健康に良いということだけで世界に認められているわけではありません。日本人が発見した「旨味」という概念が、「ＵＭＡＭＩ」という日本語のまま世界的に使用されていることを見ても「旨味」が世界の味文化に貢献した大きさを示しているのではないでしょうか。

それにしても、日本の料理界において、味の種類を今でも、五味と表現していることがあるのに驚かされます。前述しましたが、これは、中国の五味、すなわち「甘・酸・鹹《かん》・辛・苦」をそのまま継承しているのでしょう。

そもそも味の種類は、口にする素材に基づいて表現されるものですから、世界の味、たとえば欧米あるいはインドでは、味の表現が異なっています。

欧米…甘・酸・鹹・アルカリ味・金属味
インド…甘・酸・鹹・苦・辛・渋・淡など

これらは、それぞれの風土の中で生まれた食品の素材によっています。味わった人々は、素材に含まれた風味を素直に味の要素として認めているのです。

日本の味はまぎれもなく、「甘・辛・塩・酸・苦・渋・旨」の七味です。辛味、渋味を味からはずす考え方もありますが、それは生理学的にみたとき、他の五つの味と要素が違うというだけであって、人々は辛味も渋味も味として感じています。

特筆すべきは旨味です。

旨味はアジアモンスーンの多湿地帯において、豊かな風土の恵みを受けた素材に、発酵という微生物の働きが加わったことによって多種多様に生まれています。

日本における旨味の発見は、世界の味文化に対する最大の貢献といえるでしょう。なぜなら人類の最も好きな味は、甘味と旨味であるといっても過言ではないからです。

日本人は「うまい」と言いますが、「うまい」というのは一体何なのでしょうか。それは人間の舌と脳に心地良い快感を与えるものでしょう。

赤ん坊、あるいは幼児は、甘いもの、うまいものが好きです。これは人間の生理に関係があります。赤ん坊でも幼児でも七つの味を感じることができますが、それは、七つの味それぞれがシグナルを発しているからです。天然自然のもので、甘いもの、うまいものには人体を害する異物・毒物がないということではないでしょうか。それが本能的にわかるのが生命体「いのち」なのです。逆に苦味・渋味・辛味は、毒物・異物のシグナルであり、酸味は腐敗物のシグナルでしょう。

それでも人は、成長するに従って、酸味や苦味、渋味、辛味を好むようになります。舌の味蕾《みらい》が発達し、カレーやキムチの味（辛味）、赤ワイン（苦味と渋味）、レモンの味（酸味）などを区別して楽しめるようになるのです。「甘いなあ」「甘ちゃんやなあ」という言葉は、味覚の未発達＝人間としての未発達を表現していると考えられます。さまざまな食物を口にし、大人になるにつれ、味のもつ複雑な濃淡や差異を見分け、心地良い味を認識することができるようになるからです。そうはいっても、人間はやはり甘いもの、うまいものが最も好きなのではないでしょうか。

そこで「旨味」です。「旨味」とは何でしょうか。

旨味は甘味と混同されやすいのですが、グルタミン酸（昆布だしの旨味）などのアミノ酸、イノシン酸（カツオだしの旨味）、グアニル酸（シイタケの旨味）などの核酸、コハク酸（貝類の旨味）などの有機酸による微妙な甘味を伴った味わい成分です。

日本料理の核心は、この旨味を巧みに活用している点にあります。とくに旨味を抽出した「だし」を実にうまく使っている関西料理はまさにその典型です。関西料理の特徴は「うす味」というのは妥当ではありません。色合いはうすいのですが、味わいは決してうすいものではないのです。

また日本料理の特徴が、「刺し身化」「なま化」というのも決して正しくありません。たまたま新鮮な素材が多いので、そのまま食することができるにすぎません。しかも江戸時代までは、生食はほとんどありませんでした。ともあれ、「旨味」を発見し、「旨味」を活用しているという点で、日本料理は、世界の料理の中でも際だった特徴をもっているのです。それゆえ、世界三大料理の一角を占める資格があるのではないでしょうか。

六　通の辛口？

飲む立場からすれば、お酒の品質評価は、まずおいしいかおいしくないか、飲みやすいか飲みにくいかということが最も大事なことです。しかし、これは、総合的な評価ではありますが、個人的、感覚的な評価です。その酒がどのような酒なのかは、みえてきません。

昔から日本酒の区分として用いられ、現在でも使われているのは、45頁でも述べたように甘・辛基準です。「甘口・やや甘口・中口・やや辛口・辛口」という五段階に区分され、たとえば、「やや辛口」のところに印がされていると、その酒がやや辛口であることが消費者に示されているというわけです。しかしよく考えると、先述の味の七要素「甘・辛・塩・酸・苦・渋・旨」のうち、清酒に含まれている成分は、「甘・酸・苦・渋・旨」であって、辛味成分と呼べるものはありません。にもかかわらず、なぜ辛口といわれるのでしょうか。

もう一つ、甘・辛を表示するのに使用されているものに、日本酒度というものがあります。日本酒度とは、その酒の比重を計測したものです。内容成分が重いものをマイナス表示して甘口とし、内容成分が軽いものをプラス表示して辛口としているのです。現在の市販酒の平均はプラス3程度なので、たとえばマイナス5なら甘口、プラス10なら辛口ということになります。これは、液中にあるブドウ糖の量によって比重が変化するので、ある程度の妥当性はあります。ブドウ糖の量の多いものは、比重が重くなるのでマイナスとなり甘口傾向、逆にアルコール発酵が進み、ブドウ糖の量が少ないものは比重が軽くなるのでプラスとなり、辛口とされるわけです。

しかし、甘・辛は味覚に関することですから、ブドウ糖の量の多少、つまり比重だけで甘・辛を判定するわけにはいきません。糖分が少なくても、旨味成分が多いものは甘く感じ、酸味成分が多かったり、アルコール度数が高かったりするものは辛く感じるからです。つまり、酸味も、アルコールも、人間の舌は辛いように感じてしまうのです。

そこで、日本酒の研究者の中には、糖分と酸味で甘・辛を判定しようと試みる人もあります。しかし、これとても不充分です。なぜなら、人間の甘・辛の感覚は微妙であって、糖分、旨味、酸味、アルコール以外にも、甘・辛を感じる場合があるからです。実は、バランスの良いものは甘く感じ、バランスの悪いもの、トゲトゲ感やザラザラ感があるものは辛く感じてしまうのです。

一体どう考えればよいのでしょう。甘・辛とは何なのでしょうか。

誤解を恐れずにいえば、通常、辛口といわれている日本酒は、本当に辛いのではなくて、甘味・

旨味の少ない酒、比重の軽い酒、サッパリとした、あるいはスッキリとした味わいの酒、その面でいえば飲みやすい酒のことです。甘口の酒とは、糖分の多いものもありますが、それだけではなく、糖分が少なくても旨味成分が多くバランスのとれた酒のことではないでしょうか。

日本酒については昔から「通の辛口」といわれてきました。本当にそれは正しいのでしょうか？　辛口が好きな人は、本当に味に通じているのでしょうか。

江戸時代の中期以降、燗酒の風習が広まり、日本酒は猪口《ちょこ》で差しつ差されつで飲んでいました。思うに、この場合、早く酔う人は飲む速度が遅くなり、どうしても引け目を感じてしまいます。その逆に、お酒に強い人は優位に立ちます。お酒の強い人はグイグイと飲めるので、のどごしのいいサッパリとした酒、糖分や旨味の少ないコクの少ない酒を好んだのです。昔は、お酒に強い人が通であって、味がわかるかどうかは二の次でした。これが「通の辛口」の起こりといえるでしょう。言葉にはそれぞれ理由があり、歴史があるのです。

日本人としては、「通の辛口」と言うよりも、「通の旨口」といってもらいたいところです。

ここまでいろいろ述べてきましたが、結局のところ、酒の良否の判定は感覚によるものですから、自分の舌で的確に判断することが必要です。理論やいわれは、補助的な道具にすぎません。自分の舌で確かめ、自分の好みの酒を見つけて楽しむのがいちばんです。

第三章　日本酒の謎に迫る

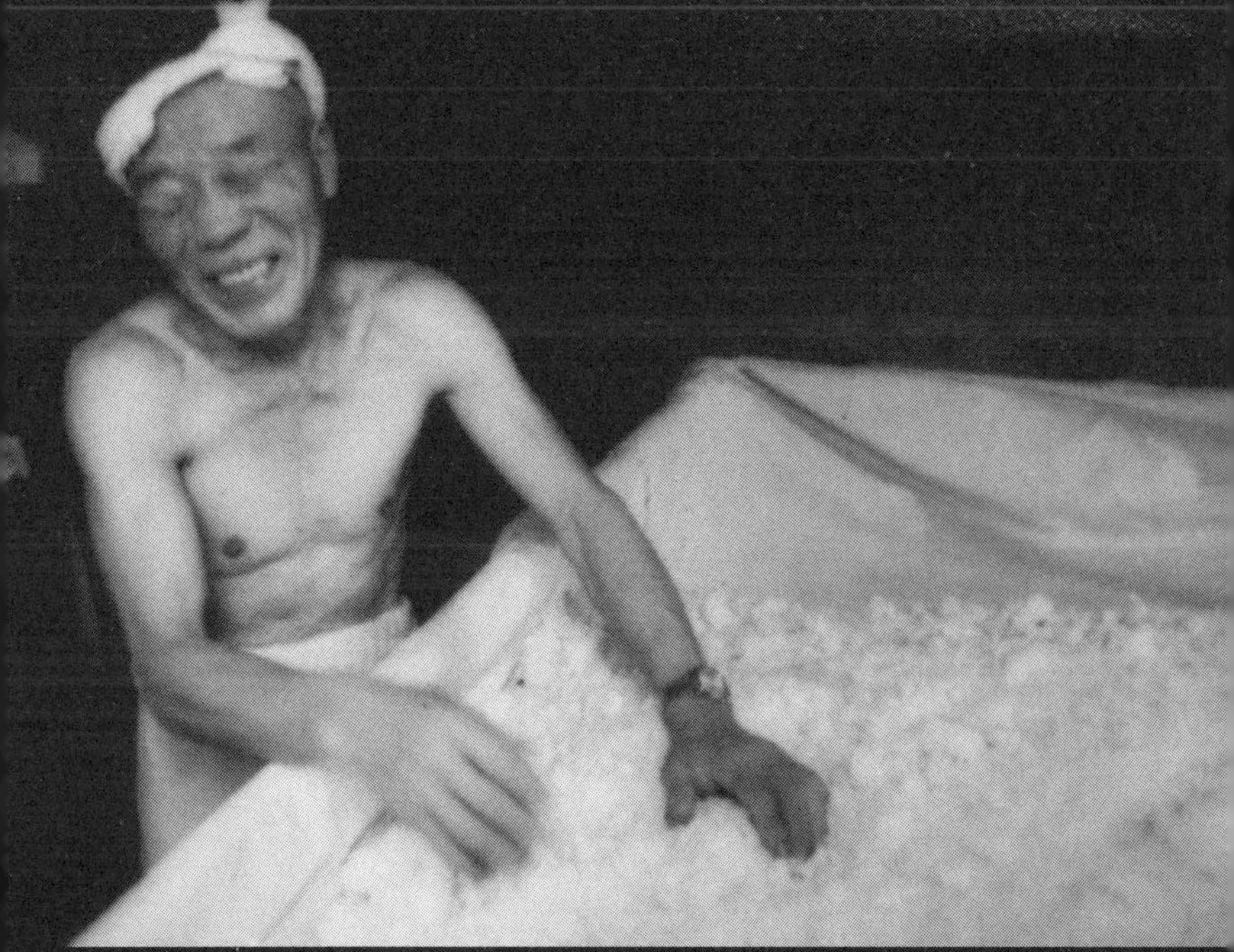

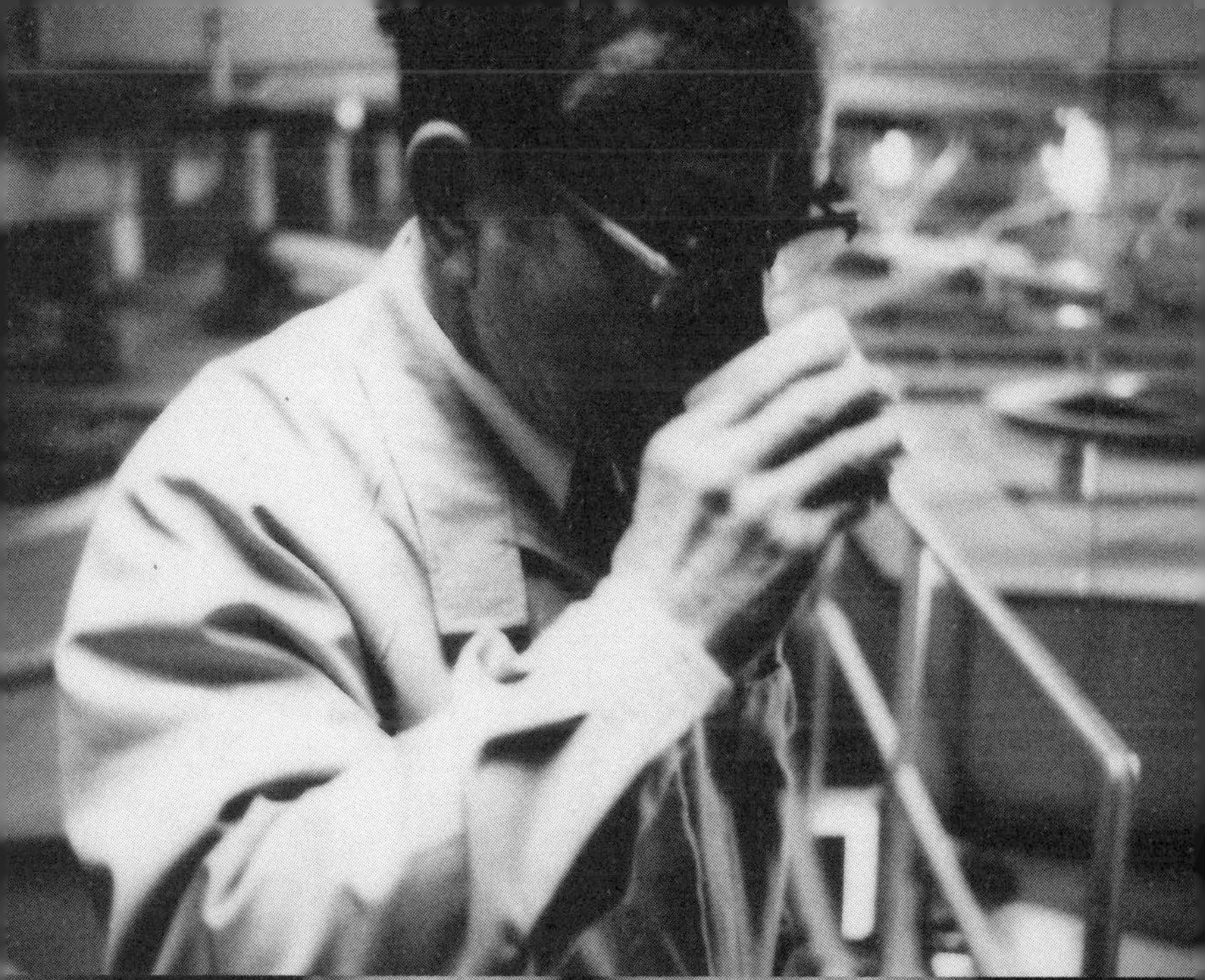

一　まずい米からうまい酒

一般には、食べてうまい米からうまい酒ができるように思われますが、実際にはそうではありません。

生産地の方はご存じかもしれませんが、「山田錦」「五百万石」などの酒造好適米は、飯米として食べると、決しておいしいものではありません。旨味が少ないのです。飯米用の「こしひかり」がおいしいのは、米の成分中にアミノ酸などの旨味成分がバランスよく含まれているからです。ところが、このアミノ酸や脂質などの旨味成分が多いと、酒になったときに色がついたり香りと味を悪くしたりすることになり、良い酒にはならないのです。

飯米の精米は米を10％ほど削る（これを精米歩合90％という）のに対し、酒米《さかまい》の精米は通常の酒でも精米歩合70％ぐらい、つまり30％ほどを削ります。これが吟醸酒になると精米歩合60％以下、大吟醸の場合は50％以下まで磨くことになります。米の表面や胚芽に多いアミノ酸や脂質など、酒を悪くする成分を取り除くためです。

したがって、食べてまずい米からうまい酒ができるというのが実際の話なのです。

面白いことに、ワインの場合でも、食べておいしいぶどうの品種からおいしいワインはできないということです。むしろ、まずいぶどうからうまいワインができるのです。聞くところによると、トップセールスというのは必ずしも口の上手な人ではなく、むしろ口ベタの人が多いといいます。適性がないと思われていても、逆にその分だけ努力を続けると、思いもかけぬ長所が現れて、抜群の域に到達するというのが真実なのかもしれません。
「まずい米からうまい酒」というのは、なんとなく人生をも連想させて、味わい深い言葉に思われます。

二　「水の如き酒」が良い？

昔から良い酒の表現として「さわりなく水の如くに飲める酒」ということがいわれてきました。日本酒の泰斗《たいと》、坂口謹一郎※先生も名著『日本の酒』(岩波文庫)の中でこの言葉を記述されています。

この言葉の影響でしょうか、蔵元の中で「水の如き酒を造りたい」「酒造りの理想は限りなく水に近い酒を造ることです」という人がいます。しかし酒造りの理想をそんなふうにいっていいものでしょうか。それならむしろ、本当においしい名水を飲んだ方がいいのではないでしょうか。ポイントは「水の如く」ではなく「さわりなく」という言葉にあると思われます。昔の酒は、技術的にもそれほど高くはなかったがゆえに、ゴツイ酒、クドイ酒もみられ、飲むのに「さわり」

※坂口謹一郎……(一八九七～一九九四)。農芸化学者。「応用微生物学」の世界的権威として知られ、発酵に関わる菌類・酵母・カビなどの研究を行い「酒の博士」と呼ばれた。東京大学応用微生物研究所初代所長及び同大学名誉教授、理化学研究所副理事長を歴任。

のある酒が多かったのです。

　江戸時代後期、文化・文政のころ、灘の酒は江戸百万都市において80％以上のシェアをもっていました。それはなぜでしょうか。

　摂津・播磨の良質米を使い、水車精米で精米歩合を良くし、仕込み水として良質の六甲の伏流水を使用するとともに、丹波杜氏の技術改良によって、コクがあってキレの良い酒＝男酒、つまりは「さわり」のないスッキリとした酒を造り出したからです。自然の恵み、自然的条件・風土を活用し、しかも当時の人々の嗜好に合わせた灘の男酒は絶大な人気を博したのです。


　日本酒は、いうまでもなく、日本の各地域の風土と歴史・伝統・文化の中から生まれた酒であり、しかも各蔵元の個性を色濃く反映した酒です。これが民族酒というものです。民族酒は、個性的であり、多様性をもつものです。古く「酒屋万流《さかやばんりゅう》※」といわれたのも、このような事情を示しています。いってみれば酒造りの理想は、その時代の人々の嗜好を踏まえつつ、その土地の風土を最大限に生かした酒を造ることではないでしょうか。

　全国一律の品評会が明治以降たびたび行われてきましたが、それは、気をつけないと、地域に根ざした個性ある酒を排除し、多様性を減殺し、少数の審査員が好む酒の方向へ誘導することになりかねません。前述したように、現在も独立行政法人酒類総合研究所が全国一律の鑑評会を行い、金賞受賞酒を選定していますが、各地の蔵元の個性ある酒、日本酒の多様性について充分な配慮がなされることを切望しています。

三　酵母はモーツァルトを喜ぶ？

良い音楽は人間に良い影響を与え、脳波の実験でもα波を発生させることはよく知られています。酒造りではたらく糀菌や酵母も生きものです。クラシック音楽、とくにモーツァルトが酵母をいちばん喜ばせ、良い酒ができるということで、モーツァルトの音楽を流して酒造りが行われたこともあるようです。実際にモーツァルトで酵母が喜ぶのかはともかく、酵母菌が喜ぶ条件を備えすぎると発酵が進みすぎ、むしろ酒質のバランスが崩れてしまうことが知られています。

吟醸酒などの高級酒を造る場合、低温でじっくりと仕込むことが重要ですが、これは酵母菌にとっては、やや過酷な条件の下での生存を強いられるということです。

ところが、このような条件に耐えることによって、酵母菌は香しく優雅な吟醸酒を生み出すのです。まさに「艱難《かんなん》汝を玉にす」「しんぼうする木に花が咲く」ということです。ただ、過酷な条件といっても限度があり、良い加減のところ、酵母が弱りきってしまわない程度にしなければなりません。杜氏の言葉によれば、「やはり愛情ですわ」ということになります。

※酒屋万流……酒の造り方にはいろいろあり、蔵元ごとに醸造法も違えば水も違うので、味もまた異なるという意味。

モーツァルトの音楽を聞かせて酵母菌を楽しませることも悪いことではないかもしれませんが、子供を育てるのと同様に、愛情をもって厳しい環境を与えることもまた酒造りには必要なのです。

丹波杜氏として、長く沢の鶴で働いてくれている出口喜久治《でぐちきくじ》杜氏の言葉です。

「酒造りでは、夜一〇時ごろに蔵を見回り、醪に声をかけます。醪の泡を見て『いい顔をしているなあ。いい娘《こ》に育てよ』とほめてあげるんです。酒は造るのではなく育てるものですから、そういう気持ちで接してあげることが大切です」

「酒造りで大事なことは、結局チームワークです。チームワークが悪いと、いい酒はできません。手を抜いたらいい酒はできません」

「そのためにも人を育てないといけませんが、私は、人を育てるためには、大きな声で挨拶することが大切だと思います。それで心が通じあうと思うのです。挨拶しても反応の小さい若い人には、怒鳴るくらいの大声で『おはようっ！』と声をかけます。それだけで、だいぶ職場の空気が良くなったことがありました」

杜氏は酒造りのプロですが、同時に人づくりのプロでもあります。乳酸菌や糀菌、酵母菌に深い愛情をそそぐと同時に、個々の蔵人の個性を知り抜き、愛情をもって育てていくのです。まことに酒造りのこころとは、深い愛情をもった「育てるこころ」なのでしょう。

四　酒を造る主役たち

実際のところ、酒は人間の力だけで造るのではありません。日本酒の場合は、乳酸菌や糀菌・酵母菌という微生物が造るのです。人間は、これらの微生物がうまく働けるように環境を整え、介助します。酒は、「造るものではなく育てるもの」ということは、まさにこのことを表現しています。

これらの菌がすごいのは、それぞれの菌が連動するように働き、それによって人間がおいしい（うまい）と思う酒、飲みやすい酒を見事に造り出すことです。

身を犠牲にする乳酸菌

まず、乳酸菌です。

40頁以下で述べたように、乳酸菌の働きを充分に活用する仕込み方法を生酛《きもと》造りといいます。明治時代の末ごろまでの造り方はすべてこの生酛造りでした。乳酸菌は、米糀などに付着していたり、蔵に生存していたりするので、これを取り込んで活用していました。酒造りでは「一糀・二酛・三造り」といわれますが、乳酸菌は、主としてこの酛《もと》（酒母）造りの作業中に働きます。

酛とは、造り（仕込み）に入る前に造る原液、すなわち蒸米と米糀と水の中に乳酸菌と酵母菌を多量に育成して造る仕込み用の原液のことです。

乳酸菌は乳酸を作ります。乳酸は、雑菌の活動を抑制したり殺したりしますが、糀菌、酵母菌は乳酸があっても活躍できます。まことにうまくできています。

これも前に述べましたが、酛造りには三つの方法があります。まず、米糀や蔵に付着している乳酸菌を自然増殖させる「生酛造り」、次にその一部の工程を省略した「山廃造り（山卸廃止酛）」、そして、さらに簡素化して乳酸菌を使わず醸造用乳酸を添加する「速醸酛」です。終戦後、近代化・合理化の流れの中で速醸酛が広がり、現在造られている日本酒の95％以上は速醸酛であるといわれます。

先ほども登場してもらった沢の鶴の出口喜久治杜氏はいいます。

「灘で生酛造りが行われていたのは昭和三八年ごろまでだったと思います。酒母を育てるのに、酒蔵に生息している自然の乳酸菌や酵母菌を空気中から取り入れるため、手間と時間がかかります。生産性を上げるために、一時は、みな速醸酛になったのですが、平成四年、沢の鶴が灘でいちばん早く生酛造りを復活させました」

「昔、生酛は一冬分まとめて造りました。速醸酛は長い時間おくとダレるのですが、生酛は強いので長く保てます。生酛に使う乳酸菌は、蔵に住んでいたもの、蔵の中で自然に生きていたものです。だから蔵によって酒に個性がありました」

さて、酛（酒母）造りの作業中、乳酸菌は乳酸を作って雑菌を撃退し、糀菌と酵母菌が充分に働くことを助けますが、不思議なことに乳酸菌は酸に弱く、自らが作った乳酸によって弱体化し、また自らが助けた糀菌と酵母菌の働きで生成したアルコールによって死滅していきます。乳酸菌は、まさにアルコール生成のために身を捧げるのです。

乳酸菌の、身を犠牲にした働きは感動的ではありますが、一見空しく思われるかもしれません。しかしそうではありません。乳酸菌のおかげで、生酛造りの酒には微妙な味わいがあり、抗菌物質や抗酸化物質などが含まれているため、酒質は強くて変化しにくいのです。

「虎は死して皮を残す」といいますが、乳酸菌は死して乳酸と有用物質と味わいを残します。エライやっちゃ！

「国菌」とされる糀菌

さて次に糀菌です。

日本酒造りに使う糀菌の働き（機能）は四つあります。

①糖化酵素を作り出し、この酵素の働きによって米のデンプンをブドウ糖に変える。

②いくつかのタンパク質分解酵素を出し、それによって米のタンパク質を分解してアミノ酸を作り出す。これが旨味成分となる。

③ビタミンなどの各種栄養素を作り出し、酵母に供給することによって酵母の増殖を促進させる。

④酒の香味を特徴づける各種成分を生み出す。

まだ未解明の部分も多いのですが、このように糀は、不思議な力をもっています。それでも、はっきりいえることは、この四つのはたらきすべてが、人間がおいしいと感じる日本酒を作り出すべく作用しているということです。エライ！

こうじは、日本酒はもちろん、焼酎や酢、醤油や味噌、味醂、甘酒、そして漬物などに使われています。最近では塩こうじも健康に良い万能調味料として人気が出ています。

西洋の酒は麦芽の酒、東洋の酒はカビの酒といわれるように、こうじ（カビ）は、日本だけでなく東アジアや東南アジアで広く発酵食品に活用されています。けれども、それらのこうじ菌は、粉状にした穀物に水を加えて円板状や団子状に成型した餅《もち》に生やした「餅こうじ」で、クモノスカビと呼ばれるものです。日本の場合は、太古から今日に至るまで、蒸した米にカビを生やした「散《ばら》こうじ」で、カビもクモノスカビとは異なります。かつて中国には散こうじもあったとされますが、長い歴史の中で消滅したといわれます。不思議なことです。

ともあれ、東洋の気候風土の中で、こうじカビを使うこうじ文化圏が形成されているわけですが、その中でも日本は独特のこうじ文化を形成してきたといっていいでしょう。

日本のこうじ（カビ）は、大別すると黄こうじ菌、黒こうじ菌、白こうじ菌の三つになります。日本酒造りに用いるのは、黄こうじ菌です。黒こうじ菌は、胞子の色が黒褐色で沖縄の焼酎「泡盛」の製造に使われ、白こうじ菌（黒こうじ菌の突然変異種）は、九州などで焼酎の製造に使われています。これらのこうじ菌は日本独得のもので、平成一八年（二〇〇六）、日本醸造学会で「国菌」と認定されました。

日本酒の原料は米・米糀・水ですが、酒造りでは、一糀・二酛・三造りとされるほど糀は重要な役割を果たしています。独特のこうじ文化をもつ日本の中でも、日本酒は特別の存在であるといえるでしょう。「国菌」をうまく活用して作り上げられる見事な醸造酒、日本酒が「国酒」といわれるのも当然でしょう。

米糀をほとんど使わなくても日本酒？

しかし、不思議なことがあります。特定名称酒とされる大吟醸酒・吟醸酒・純米酒・本醸造酒には糀米の使用割合（糀歩合）が「使用する白米の重量の15％以上」と規定されていますが、それ以外の日本酒（一般酒）には一切規定がないことです。

日本酒は、米糀を使わなくとも造ることが可能なのでしょうか。

酒税法の規定の中に日本酒の原料は「米・米こうじ・水」となっているので、糀を使わなければ日本酒とはいえないことになります。しかし、糖化酵素を使えば糀の第一の機能、デンプンをブドウ糖に変える機能を補うことはできます。もちろん糖化酵素の添加量は制限されていますが、その酵素の力は、技術改良によりたいへん強くなってきています。したがって、糀の量を減らし、強い酵素を使って日本酒を造ることは可能ですし、その方が原価は安くなるのです。ただ風味は、本来の日本酒とはやや異なるものになります。厳密にいえば、糀を使わなければ、糀のさまざまな機能によって生み出される日本酒としての風味はありません。

そこで、日本酒業界の中には、一般の日本酒にも糀歩合を設定すべきだという意見があります。それが日本のこうじ文化を守り、日本酒の特徴を後世に残すことになるというのです。しかしそれは少数意見にとどまっています。

そもそも、糀の使用割合を法で決めること自体、おかしいことかもしれません。酒の個性を殺す画一化につながる可能性もあるからです。けれども、一般の日本酒に糀歩合を設定すべきでないという意見の論拠は、酒質の多様化のためには、糀をほとんど使わない酒も必要であり、その方が消費者ニーズに応えることになるというものです。しかし本当にそうでしょうか。

有史以来、文化として受け継がれてきた日本酒の型を、「技術革新」「多様化」「消費者ニーズ」という美名のもとに簡単に崩していいものでしょうか。これは、日本酒の将来に関わる問題です。よくよく考えるべき問題でしょう。

沢の鶴は、糀にこだわりこうじ文化を大切にしていきたいと考えています。

平成二二年（二〇一〇）に沢の鶴が新発売した『米だけの酒　旨みそのまま10・5』は、アルコール度数10・5％という低いものでありながら、日本酒の風味、とくに旨味を残した画期的な新商品ですが、その謎は、糀歩合がなんと30％以上という造り方にあります。糀の四つの機能を最大限に生かした仕込みを完成させたのです。これについては後述したいと思います(239頁以下)。

ともあれ、糀菌もエライのです。

酵母菌のはたらき

最後に酵母菌です。

酵母菌は自然界に広く存在していて（野生酵母）、その種類もたいへん多くあります。その働き（機能）は、糖分をアルコールと炭酸ガスに分解することです。イーストとも呼ばれています。

古くから活用されてきたパン酵母は、炭酸ガスを出す性質がパン作りに生かされてきました。ビール（ビール酵母）、ワイン（ワイン酵母）、日本酒（清酒酵母）などの酵母はアルコールを作る性質が生かされています。

日本酒の場合、昔は、酛（酒母）を造る際に、蔵に住んでいる酵母菌が空気中から舞い降りるのを待って、それを増殖して使っていました。これを「蔵つき酵母」あるいは「家つき酵母」といいます。

沢の鶴では、平成二二年（二〇一〇）に『茜彩《あかねいろ》』という赤い色の酒を発売しました。これは、地元の灘区にある神戸大学との共同研究によって生まれたものです。「灘区にふさわしい、灘区らしいお酒を造ってほしい」という神戸市灘区役所の要請もあって、灘区に住んでいる酵母菌を使ってお酒を造ってみようということになったのです。いわば「灘つき酵母」です。

神戸大学の大学院に留学中のベトナム人女性研究者ハウさんが酵母菌の採集にあたったのですが、二年間ほどで集めた菌株は、なんと1250にものぼりました。そのうち300種類ほどは発酵力の強い菌株でしたが、実験を重ねて最終的に「さざんか」から採取した花酵母が最もいいということになり、これを使って酒を造ることにしました。さざんかは「神戸市民の木」に指定されているので面白いということになったのです。「さざんか酵母」にふさわしい酒ということで、赤米を使って仕込みをしたため、色はやや濃いピンク色の酒で、甘酸っぱいけれどもスッキリした酒となっています。

このように酵母菌は自然界に無数といっていいほど生存しており、アルコールを作る発酵力の強い酵母菌も多数存在するのです。しかし、人が飲んでおいしいと感じる優良な日本酒を造り出す酵母菌は、それほど多いとはいえません。日本醸造協会※が純粋培養して頒布している「きょうかい酵母」は、現在20種ほどです。これらの酵母は、全国の酒蔵の中に生存していた優良な酵母を採取して培養したものです。その他、各県で蔵元の醪から分離した酵母にも優良なものがあり、活用されています。また、少数ではありますが、蔵元が採取した独自の酵母も仕込みに使われています。沢の鶴の『茜彩』に使用した「さざんか酵母」はその例です。

酵母菌の働きは、ブドウ糖を分解してアルコールと炭酸ガスに変えることと前述しましたが、重要なことは、酵母菌の違いによって香りも味も変わってくるということです。酵母菌によって酒質は大いに異なってくるのです。

しかも、酵母菌は元気でないと、人間にとっておいしいもの、いいものを作り出すことができません。先に述べた糀菌の働きのひとつに、酵母の栄養成分を作るということがありますが、これはたいへん重要です。また、糖分が適当な量の状態で酵母に供給されないと順調な発酵にならないため、仕込み方法として三回に分けて仕込む（三段仕込み）ことも重要です。糖分が多すぎても酵母の働きがおかしくなるからです。

ともあれ、乳酸菌、糀菌、酵母菌の働きは、素晴らしいものです。実は、その働きのおかげで、日本酒の内容成分の数はわかっているものだけで700種類以上あり、その効果も多岐にわたっているようです。まだ解明されていないものが多いのですが、「酒は百薬の長」たるゆえんです。つくづく日本酒とは不思議な飲み物であると思います。しかしそのことが、日本人にどの程度理解されているのでしょうか。

人間だけで日本酒を造ることはできません。けれども、このように優秀な乳酸菌・糀菌・酵母菌を選別し続け、それらの菌が良き日本酒を造り出すように環境を整え、介助している、杜氏・

※日本醸造協会……明治三九年（一九〇六）に「醸造協会」として設立され、その後、大正四年（一九一五）に「財団法人日本醸造協会」となり、平成二三年（二〇一一）八月から「公益財団法人日本醸造協会」となる。醸造に関する学術研究や調査を行い、日本醸造学会を主宰。関連団体の研究会などを支援し、醸造学と醸造技術の進歩発展を図ると同時に醸造飲食品の高品質化と安心・安全を提供するための事業を行っている。

蔵人、それを支える蔵元の人々は、エライ！　そして日本人もエライ！　そして、なによりも乳酸菌・糀菌・酵母菌は、エライ！

五　純米酒と米だけの酒の違いとは？

日本酒とは何かをいろいろな表現で定義することは可能ですが、法律的には、酒税法の中で「米、米こうじ及び水を原料として発酵させて、こしたもの」と定義されています。これが日本酒の基本形といえるでしょう。もちろん、これ以外に、アルコールなどを加えた拡大形の日本酒もありますが、ここではこの基本形の酒（米・米こうじ・水だけで造った酒）について述べたいと思います。

そもそも、この基本形に直接あてはまる日本酒とは「純米酒」なのでしょうか。それとも、商品名に「米だけの〜」、あるいは「米と水だけの〜」などと書かれている酒なのでしょうか。実は、ここにいくつかの問題があります。

歴史的にみると、江戸時代を通じて、また第二次世界大戦のころまでは、基本形以外の日本酒はほとんどなかったのです。したがって、日本酒の基本形は何かということも問題になりませんでした。第二次世界大戦後、米不足の中で税収確保のためにアルコール添加が奨励され、アル添酒（アルコールが添加された日本酒、三倍増醸酒も含む）が一般化していきました。つまり、拡大形の日本酒が増大したのです。

その反省もあって、そののち世の中が落ち着くと、基本形の日本酒が少しずつ増えるようになりました。そのときに使われたのが、「純米醸造」「純米酒」「純粋醸造」、あるいは「米だけの〜」「米100％の〜」というような表現です。これらの表現を整理するため、一〇年に近い検討期間ののち、昭和五六年（一九八一）に日本酒造組合中央会で「清酒の表示に関する自主基準」が定められ、次いで平成二年（一九九〇）四月に国税庁告示「清酒の製法品質表示基準」が施行されました。これは、「特定名称酒」について初めて定めた告示です。国税庁告示は、もちろん法的効力をもつもので、法的には、これが初めて日本酒の基本形について踏みこんだ規定を置いたものといえるでしょう。ただ、この告示は、諸般の経緯を経て、平成一六年（二〇〇四）一月、さらに改正施行されます。

この改正施行された告示が現行の制度です。この規定に示された純米酒の項目についてみてみましょう。特定名称酒の「純米酒」について、改正告示はこう記しています。

「白米、米こうじ及び水を原料として製造した清酒で、香味及び色沢が良好なもの」

日本酒の基本形、酒税法の「米、米こうじ及び水を原料として発酵させて、こしたもの」とは、異なる表現になっています。要するに「純米酒」は、基本形の清酒の中でも一定の要件を備えた清酒でなければならないということです。その要件を列挙しましょう。

①まず「白米」とは丸米のことです。純米酒には、米糠《こめぬか》や米粉《こめこ》を使用してはならないのです。もともと日本酒は、米糠や米粉を使って醸造することはありませんでした。ところが、昭和五〇年代（一九七五年ごろ）、国税庁が「米粉（糠）も米である」という論理で米粉（糠）を使っての醸造を強く要請し、これが一部の蔵元で実施されるようになります。しかし、米粉（糠）を使って醸造した清酒は、品質的に良好なものになりにくいのです。そこで純米酒の要件として「白米」という条件がつきました。

②次に「白米」というのは、農産物検査法により、3等以上に格付けされた米のことです。品質の良くない米を排除しているのです。

③さらに、白米に対するこうじ米の使用割合を15％以上にしなければなりません。これは、純米酒だけでなく特定名称酒すべてにあてはまります。これについては、すでに糀菌の項で述べました。

④また、純米酒は「香味及び色沢が良好」でなければなりません。色沢というのは、色合いと光沢ということで、濁りがなく冴えや照りの良いものをいうのでしょう。純米酒は、日本酒の基本形の中でも、レベルの高いものとしたのです。

⑤現行の告示によれば、「純米酒」では精米歩合についての規制がなくなっています（吟醸酒は60％以下、本醸造酒は70％以下という規制が存続）。純米酒の精米歩合は、原材料名の表示に近接する場所に表示しなければならないとされているだけです。

当初、平成二年（一九九〇）施行の告示では、純米酒の精米歩合は70％以下でなければなりませんでした。その規制が平成一六年（二〇〇四）になくなったのです。これにはどういう意味があるのでしょうか。さまざまな意見があり得るでしょうが、結局は、良好な日本酒の基本形の範囲を広げたことになるのでしょう。歴史的にみていくと、日本酒の良し悪しを、精米歩合だけで判断するわけにはいかなかったのです。

以上述べたように「純米酒」は、日本酒の中でも、品質が良好なものとして規定されました。それでは「米だけの〜」、あるいは「米と水だけの〜」というような商品名の日本酒はどうでしょうか。

これには何も条件はついていません。つまり「米だけの〜」というような商品名がついている酒が「日本酒の基本形」であり、その中でも品質の良好なものが「純米酒」ということです。

平成一〇年（一九九八）に、沢の鶴が『米だけの酒』という商品名の酒を新発売したのは、江戸時代から造り続けてきた日本酒の基本形を世に問うためでした。

沢の鶴がそれまでの酒造りの伝統にのっとり、また日本酒の基本形にこだわって『米だけの酒』を発売した当時は、精米歩合が70％以下でなければ「純米酒」と表示することはできませんでした。『米だけの酒』の平均精米歩合は73％でしたので、当時の純米酒規定にはあてはまらなかったのです。また、米の味をひき出すには、あまり米を磨きすぎてはいけないという考え方もありました。だからこそ沢の鶴は『米だけの酒』を新たに発売したのです。

『米だけの酒』は、消費者に受け入れられ、ヒット商品となり、大きな反響を呼び起こしました。その影響もあったのか、いろいろな議論の末、平成一六年（二〇〇四）国税庁告示の改正施行により、「純米酒は精米歩合70％以下」という規制がなくなりました。

沢の鶴は、徳川吉宗の時代、享保二年（一七一七）に創業していますが、もともとは米屋ですから、米にこだわり、米を生かし、米を吟味して酒造りを行ってきました。山田錦の里、兵庫県美《み》嚢《のう》郡吉川《よかわ》町実楽《じつらく》（現三木市吉川町実楽）との「村米制度（一種の契約栽培制度）」が、比較的早く、明治二二年（一八八九）ごろに始まったといわれるのもこのことを示しています。

精米歩合の規制がなくなったので、沢の鶴の『米だけの酒』は「純米酒」に該当することになりました。そこで、従来の『米だけの酒』を「純米酒」と表示して販売することにしました。沢の鶴では当初から『米だけの酒』を、現在の純米酒規格で醸造していたからです。

おかげさまで沢の鶴は、現在、小売店調査（SM、CVS、酒DS計）で「純米酒売上金額No.1」（調査会社調べ）を持続しています。

ところで、沢の鶴は、なぜ今でも『純米酒・米だけの酒』と重ねて表示しているのでしょうか。「純米酒」の表示だけでいいのでは？　と思われるかもしれません。

それは、「米だけの酒」が日本酒の基本形であり、また消費者にもわかりやすいからです。たしかに、いくつかの要件を満たさなければならない純米酒は、良好な品質の酒です。格調のある形をもっています。しかし「米だけの酒」という表現には魅力があります。わかりやすいのです。問題は、「純米酒」の表示のついていない「米だけの〜」あるいは「米と水だけの〜」というような商品名の酒の中には、「香味及び色沢が良好」でないものもあるということです。「純米酒」の規定の要件に該当しない「米だけの〜」というような商品名の酒については、国税庁告示により、「米だけの〜」というような表示の近接する場所に、「純米酒ではありません」という説明表示をすることが義務づけられています。文字の大きさも指定されていますが、消費者にはややわかりにくいかもしれません。

さらに、大きな視点で考えると、私は「純米酒」規定の要件からは外れる「基本形の日本酒」についても、一定の枠組、要件があっていいのではないかと思います（たとえば、米粉または米糠使用の可否、一定以上のこうじ歩合など）。これは、「国酒」と言われる日本酒の基本形を定める問題ですから、今後検討すべき課題ではないでしょうか。

六　そもそもアルコール添加とは？

第一章（43頁）で、日本酒には基本形と拡大形があると述べました。くり返しになりますが、基本形とは「米、米こうじ及び水を原料として発酵させて、こしたもの」です。拡大形とは「米、米こうじ、水及び清酒かすその他政令で定める物品を原料として発酵させて、こしたもの」です。

この拡大形の「その他政令で定める物品」の第一が醸造アルコールです。

実は、室町時代後期の一六世紀ごろ、日本本土に伝えられた蒸留技術によって作られた「焼酎」が日本酒に添加されていたのです。江戸中期には「柱焼酎《はしらしょうちゅう》」と呼ばれ、よく知られるようになりました。江戸時代を通して柱焼酎は使用されていたと思われ、明治政府も、この手法を承認しましたが、添加量は微量に制限されていました。

事情が変化したのは、第二次世界大戦の戦局が深刻になったころからです。原料米の不足を補い、日本酒増産の効果をもたらす方法として、アルコール添加法が政府の主導のもとに研究され、その技術が確立されます。そしてさらに、戦後の食糧不足という事情のもとで、単にアルコールを添加するだけでなく、糖類や有機酸などを使って製造する、いわゆる「三倍増醸酒」が開発されます。この増醸酒にあっては、米由来のアルコールが全体のほぼ三分の一しか入っておらず、添加したものが三分の二を占めることになります。これが、はたして日本酒といえるのか大いに疑問の残るところですが、当時これを推進した技術者は、「革命的技術」としてその成果を誇りました。

国税当局は、昭和二四年（一九四九）から三年間、この増醸酒を全国の蔵元に試験醸造させましたが、蔵元の杜氏や技術者の中には、抵抗する人も多かったといわれています。しかしながら、昭和二七年（一九五二）から全国的に実施されるようになり、安価で簡便な醸造方法は新技術として承認され、普及していったのです。

この「三倍増醸酒」いわゆる「三増酒」は、のちに多くの人々から批判されることになり、日本酒低迷の要因の一つになったことに疑いはありません。しかし、この「三増酒」が廃止され、ほぼ「二増酒」までしか清酒（日本酒）として認めない、米由来のアルコールが50％以上でなければ表示違反であるという考え方（50％ルール）が法制度上確立されたのは、平成一八年（二〇〇六）のことです。

当時、私も日本酒造組合中央会※の理事となっていましたので、50％ルールを強く主張しました。多くの人々の賛同のもと、とくに中央会の副会長であった浅見敏彦氏の強い支持を得て、国税当局を動かし、「三増酒」廃止が実現できたのは、日本酒業界にとって大きな前進であったと思います。

※日本酒造組合中央会……酒税の保全及び酒類業組合等に関する法律に基づき、酒税の保全と酒類業取引の安定を図ることを目的として昭和二八年（一九五三）に設立され、清酒製造業者により組織された酒造組合を全国的にまとめている。会員同士の親和と、相互の協調する精神に基づき、酒税の円滑な納税を促進。酒類業界の安定と健全な進捗、発展のために必要な事業を行っている。

この「三倍増醸酒」と並んで「合成清酒」の問題もあります。「合成清酒」とは、アルコールに糖類、有機酸、アミノ酸などを加えて、清酒のような風味にしたアルコール飲料のことです。大正時代、米不足とその結果としての清酒不足に対応するために開発されたので、「合成清酒」と名づけられましたが、清酒とはまったく異なるものです。これが、今でも生き残っており、清酒（日本酒）とまぎらわしい表示も見られ、消費者を惑わす事態も生じています。日本酒造組合中央会は、合成清酒の「清酒」を抹消するように、再三再四、国税当局に申し入れていますが、今のところまったく反応がなく、謎のひとつとなっています。

さて、アルコール添加の話ですが、これには三つの機能があります。

第一は、殺菌機能です。アルコールを添加することにより、雑菌の繁殖を抑え、貯蔵・保存を容易にする効果をもたらします。

第二の機能は、酒質の調整に役立つことです。適度のアルコール添加は、好ましい香り成分や旨味成分が酒粕に移行するのを防ぎ、酒の方に残すことになります。まことに不思議な作用で、吟醸酒でも、アルコール添加したものが多いのはこのためです。アルコール添加をしない純米酒ですぐれた品質のものを造るのは、容易ではないのです。しかし、それに挑戦するのが蔵元の心意気でもあります。沢の鶴がアルコール添加を一切しない純米酒・純米吟醸酒・純米大吟醸酒にこだわって挑戦しているのはこのためです。

第三の機能は、米の使用量を節約し原価を安くすることです。米を発酵させてアルコールを得るよりも、蒸留して得たアルコールを添加する方が安上がりなのです。

江戸時代に行われていたアルコール添加は、主として、第一の殺菌機能と第二の品質調整機能を目的としたもので、その添加量も多くはありませんでした。第三の機能、米の節約と原価低減の機能は、第二次世界大戦中から戦後の米不足の時代に大きくなりました。この第三の機能の背後には、役所の税収確保という意図が隠されています。ともあれ、この第三の機能の象徴であった「三倍増醸酒」は、米余りの時代になっても生き残り、廃止されたのはやっと平成一八年（二〇〇六）であるということに驚きを覚えます。実に五〇年以上にわたって、いびつな日本酒が出回っていたことになります。

アルコール添加の三つの機能を考えると、直ちにアルコール添加全面否定論に賛同することは難しいかもしれません。ただ、現在許されている二増酒では米1トンあたり約360リットルのアルコール添加が可能ですが、第二の機能である品質調整機能は、米1トンあたり180リットル程度で効果がほぼ最大になるといわれていますので、添加量をこの程度に制限すべきではないでしょうか。第三の原価低減機能は、米余りの時代背景を考えれば、もはや不要といえるでしょう。

七　燗の温度、冷やの温度

「お酒はぬるめの燗がいい」と歌にもうたわれていますが、酒の品質からいえば、ぬるめの燗がその酒の最適温度といえない場合もあります。

酒の飲み方としては、平安時代にはすでに燗も冷やもオン・ザ・ロックもあったことが記されています。平安の貴族は、さまざまな形で酒を楽しんでいました。奈良時代の初めに編纂《へんさん》された『日本書紀』には氷室の氷を「熱き月に當りて、水酒に漬して用ふ」とあります。紫式部や清少納言が氷室から運ばせた氷を使って、オン・ザ・ロックで日本酒を楽しんでいたかもしれないのです。

江戸時代中期以降は、燗をして徳利と盃で飲むという風習が広まり、その形が近年まで続いてきました。最近では、吟醸酒や生酒のように冷やで飲む方が味わい深い酒も普及し、冷やで飲まれる場合も多くなりつつありますが。

日本酒は、アルコール飲料の中で最も繊細な酒で、飲むときの温度によって味わいが大きく変化します。5℃違うだけで味わいが異なります。どの温度が最適温度であるかは容易に判定しがたいのですが、一般には10℃から15℃までの温度帯はどのような品質の日本酒でもほとんどおいしく飲める、黄金の温度帯（ゴールデン・スパン）です。

燗の場合は、品質の良いものは35℃から40℃近辺、ぬるめの温度が良い場合も多いのですが、一概にいえないところが、日本酒の面白さです。

燗については、人肌燗・ぬる燗・上燗・熱燗などの言葉はありましたが、それが実際に何度になるかは、明確ではありませんでした。冷やに至っては、表現する言葉もなかったのです。この問題について沢の鶴で研究会がもたれ、数年の研究を経て平成五年（一九九三）に定式化されました。表2・表3を参照してください。

この研究の成果は、日本酒造組合中央会や日本酒サービス研究会・酒匠研究会連合会（SSI）でも認められ、現在では一般的な定義となっています。江戸時代には温度計が普及していなかったでしょうから、たとえば「ぬる燗」の温度が何度であるか、不明であっても仕方ありませんが、明確になったのが平成になってからというのは、驚くべきことかもしれません。

それにしても、このような、温度についての文学的表現は世界のどの国にもないと思われます。日本人の繊細さを誇るべきではないでしょうか。

表2　冷やの表現と温度

雪冷え	5℃近辺
花冷え	10℃近辺
涼《すず》冷え	15℃近辺

表3　燗の表現と温度

日向《ひなた》燗	30℃近辺
人肌燗	35℃近辺
ぬる燗	40℃近辺
上燗	45℃近辺
熱燗	50℃近辺
飛びきり燗	55℃近辺

注意しなければならないのは、この温度は口に含む酒自体の温度であるということです。冷たい徳利や盃に入れると5℃くらいは温度が下がることになります。

熱燗に舌を焼きつつ談笑す　　高浜虚子

いったい、虚子先生は何度の燗酒で舌を焼いたのでしょうか。これは熱燗というより「飛びきり燗」だったのかもしれません。おおらかで楽しいその場の雰囲気が伝わってくる句です。

世界一繊細な酒である日本酒を、微妙な温度に燗して飲む場合、次の二つのことが重要です。

①お酒は嗜好品ですから、好みの容器、好みの温度で飲めばいい、ということ。

②しかし実際には、酒質によって日本酒の飲みごろの温度は異なるものであるということ。

表4　酒質タイプ別の燗の飲みごろ温度（当社例）

	薫酒 香りの高いタイプ （吟醸酒）	爽酒 軽快でなめらかなタイプ （普通酒）	醇酒 コクのあるタイプ （純米酒）	熟酒 香りとコクのあるタイプ （古酒）
人肌燗 （35℃近辺）	○	○	◎	○
ぬる燗 （40℃近辺）	○	◎	◎	○
上燗 （45℃近辺）		◎	◎	○
熱燗 （50℃近辺）		◎	○	◎

日本酒は、甘・酸・苦・渋・旨に区分される味も、700種類を超えるといわれる内容成分も、温度によって微妙に変化します。また、人の味覚の感受性も温度により変化しますので、酒質によって飲みごろの温度は異なってきます。沢の鶴では商品別に飲みごろの温度を明示しています。本書でも、タイプ別に平均的な飲みごろ温度を表4に示しておきましょう。この酒質タイプの分類については137頁を参照してください。

八　なぜ燗をつけるのか？

冷酒のうまさもさることながら、上手に温められた良き燗酒にめぐり合ったときの嬉しさは格別です。ともあれ、なぜ日本酒は燗をするのでしょうか。燗を楽しむ酒は、老酒や一部のワイン以外、あまりありません。

第一の理由。良き燗酒はまことにうまい。美味なのです。それは冷酒とはまたひと味違う風味です。甘・酸・苦・渋・旨の五つの味が、温度によって変化し、絶妙なバランスとなる温度帯があります。これは、コハク酸やグルタミン酸など、温めることでおいしくなる旨味成分が日本酒に多く含まれていることに関係があります。

第二の理由。燗酒はあたたかい。それは体を温めるだけでなく心をも温めます。体温に近い飲み物は、違和感がなく、体にやさしく、また心も温めるものです。そこにひとつの満足感が生まれるのです。

第三の理由。その文化性です。つまり、歴史と伝統を踏まえた楽しみ方ということで、これについては少し説明が必要です。

酒を温めて飲むことは、古く唐の大詩人、白居易の詩にもみられます。けれどもその後、中国でこの習慣は消滅したようで、現在の老酒を温める習慣は、戦時中に日本人が持ち込んだといわれます。まさに日本人は世界でも稀な習慣を獲得していたのです。

日本では、平安時代には貴族社会で広く行われていたようですが、燗酒が民衆の間にまで普及したのは江戸中期以降です。それは次のような理由によります。

①当時の酒は現在のものよりもくどい酒でしたが、燗をするとスッキリとしたものになりました。燗上《かんあ》がりしたのです。

②自然思想、自然療法の考え方があり、温かいものを飲むほうが体に良いとされていました。貝原益軒も『養生訓』で、そう述べています。

③当時の飢饉の状況をみると、現在よりも気候が寒冷であったようで、住居や立て付けの様子からいっても、燗酒の方が好ましかったといえるでしょう。

④陶磁器の普及。徳利や盃などが普及するとともに、長火鉢なども普及し、燗（湯煎用）の道具も揃うようになりました。

このようにして、燗酒は一つの習俗となり、日本文化となったのです。

九　日本酒は天然の化粧品

女優の三林京子さんはいいます。

「お酒はお肌にいいので、お酒に梅干しを入れて化粧水として使っています。とくに、ドーランで白ぬりの化粧をすると、どうしても肌が荒れてしまうのですが、日本酒で溶かすと、きれいに落とすことができますし、肌も荒れることがありません」

大相撲の初代若乃花が、口癖のように「相撲取りは日本酒を飲まなきゃいかん。日本酒を飲むと肌が輝くようになる。他の酒ではいかん」といっていたことを思い出します。実際、仕切り直しが続き、制限時間が近づいてくると、若乃花の肌はピンク色に紅潮したものです。その美しさに観客は圧倒されました。

「相撲取りは、裸を見せる商売だから。それに、日本酒を飲んでいると腰がドシッと締まってくる」

相撲取りは相撲が強いだけでは不十分なのです。観客を唸らせる美しさを意識していたのです。プロとはそういうものでしょう。

日本酒が素肌にいいというのは昔から経験的に知られていたことですが、医科学的にも根拠のあることです。

まず第一に、日本酒は血行を良くします。血液サラサラ効果が、アルコール飲料の中でもきわめて高いのです。血流の良い肌は美しいということです。

第二に、日本酒はアミノ酸の宝庫で、アミノ酸や有機酸などの栄養成分が、120種類以上も含まれています。アルコール飲料の中でいちばん多いのです（ビールの約2倍、ワインの5倍以上）。素肌の美しさは肌の艶ですが、これは肌の天然保湿成分に左右されます。この天然保湿成分は、アミノ酸を主成分としているので、日本酒に含まれるアミノ酸などによって正常に働くようになり、みずみずしい肌を作ってくれます。その上、日本酒の中に多量に含まれるエチル−α−D−グルコシドが美肌効果をもつことが明らかになっています。

第三に、日本酒は、適量飲酒であれば人の健康にも良いものです。この健康と日本酒の関係についてはのちに述べますが、ともあれ、健康な人の肌は美しい。日本酒は素肌の美しさに貢献します。日本酒は、天然の化粧品なのです。

日本酒メーカーもこの点に着目し、最近は日本酒から化粧品を作り発売しています。また酒粕には日本酒と同じ成分が入っているので、酒粕を原料として、化粧品を作っているところもあります。

さらに、酒風呂も肌にいいということで、ぬるめのお湯にコップ2〜3杯の日本酒を入れて毎日入っている人もいます。酒入り風呂は美肌効果だけでなく、体をしっかり温め、血圧の安定にも役立つことが実験的に確認されています。

一〇　適量飲酒で死亡率低下

さて次に、健康と日本酒の関係です。
健康の面から日本酒を考える際には、日本酒の二大特徴（性格）に着目すべきです。その第一は、アルコール飲料としての性格で、第二は、アミノ酸、有機酸などの栄養成分の宝庫であるという性格です。

まず第一にアルコール飲料としての性格ですが、この点では三つのことが重要です。

①抗菌作用がある
度数の高いアルコール（蒸留したもの）は、消毒に用いられます。病原菌を殺したり、活動を阻害したりする作用があるからです。日本酒の場合、アルコール度数は通常15度程度ですが、大腸菌・赤痢菌・サルモネラ菌などに対して抗菌作用があることが証明されています。とくに純米酒が効果が高いとされているのは、アルコールだけでなく、他の抗菌物質の働きによるものでしょう。

アルコールはその抗菌作用を利用して、食物の保存のために使われます。日本酒の場合も、アルコール度数は低くとも10度以上はあるので、雑菌の繁殖を抑え、保存に役立ちます。

②善玉コレステロールを増やし、動脈硬化を防ぐ

コレステロールには、悪玉コレステロールと善玉コレステロールがあることは、よく知られています。これまでの研究で、適度な飲酒が血液中の善玉コレステロールを増やし、悪玉コレステロールを減らすことが明らかになっています。動脈硬化は、狭心症や心筋梗塞などを起こす原因の第一位になっていますが、これは、

図3　飲酒量と死亡率のJ字型曲線

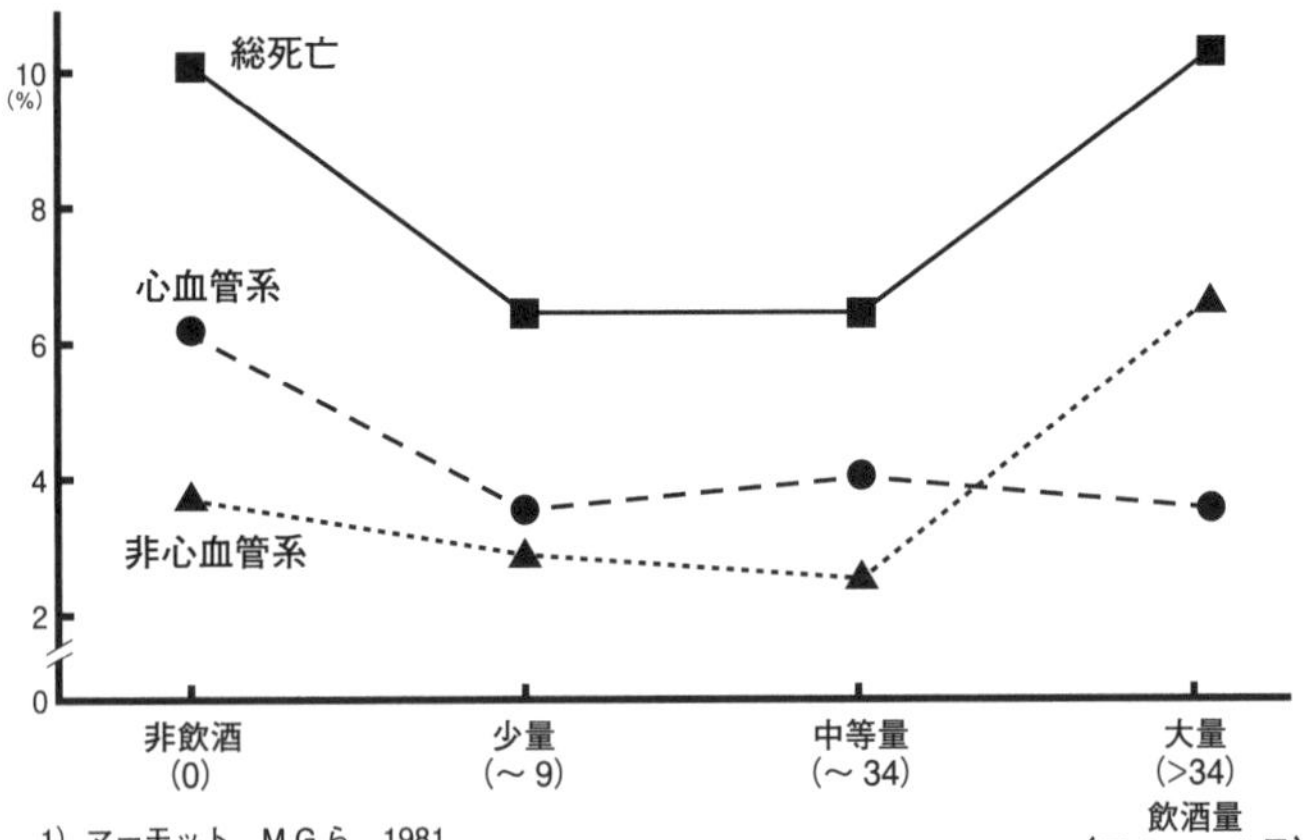

1) マーモット、M.G.ら、1981
2) 実線は10年間のあらゆる死因を含む総死亡率で年齢補正してある。
3) 非飲酒者には禁酒者が含まれている。

『1日2合 日本酒いきいき健康法』滝澤行雄著（柏書房）より

悪玉コレステロールが多くなることにより引き起こされます。アルコールの適度な摂取により、悪玉コレステロールを減らし、善玉コレステロールを増やせば動脈硬化の予防となります。

③適量飲酒が大前提

アルコールは、上手に付き合えば薬となりますが、付き合い方を間違えば、有害なものとなります。「両刃の剣」なのです。多量飲酒は、アルコール依存症や急性アルコール中毒、また肝障害、膵臓障害をもたらすことが知られています。

今から三〇年以上前（一九八一）、英国のマーモット博士が発表した「飲酒量と死亡率のJ字型曲線」（図3）は、面白い結果を示しています。

一〇年間の統計的調査を行ったところ、飲酒量と総死亡率及び非心血管系死亡率との関係でJ字型曲線があらわれたのです。すなわち、総死亡率及び非心血管系死亡率において非飲酒者と大量飲酒者で死亡率が高く、中等量の飲酒者では死亡率は高くない。また、心血管系死亡率では、非飲酒者で高く、中等量や大量飲酒では死亡率は高くないということです。

いずれにしろ、中等量（マーモット博士の考えでは日本酒で0・4〜1・5合）のグループは、総死亡率やその他の系統の死亡率すべてにおいて低かったのです。

同様の結果が、最近国内外でも発表されています。

WHOは、「個人にとって医学的に安全な量を責任ある方法で飲むこと（適正飲酒）」をすすめており、アルコール健康医学協会は日本酒の場合2合までとしています。しかし、適量飲酒といっても個人によって異なりますから、自分の適量を知っておくことが大事です。

さて次に、日本酒の第二の性格、アミノ酸・有機酸などの栄養成分の宝庫であるという点です。乳酸菌・糀菌・酵母菌の素晴らしい働きによって、日本酒の内容成分は700種類以上に及ぶことは前述しましたが、さらにアミノ酸・有機酸なども120種類以上あることがわかっています。

これらの成分が、それぞれにさまざまな働きをすることになりますが、特筆すべきは、日本酒には必須アミノ酸のほとんどが多量に含まれているということです。また、アミノ酸が複数結びついたペプチドも多く含まれており、これも有用な働きをします。さらに、ビタミン（B1・B2など）やミネラルなどの栄養成分もあります。日本酒は、アミノ酸・有機酸などの宝庫であり、まさにすぐれた「天然サプリ」、「天の美禄」なのです。

一 日本酒が健康に及ぼす三大効果

日本酒の二大特徴をふまえて、次に日本酒の健康三大基本効果について述べましょう。それは、第一にストレスを緩和することであり、第二に血液サラサラ効果をもたらすことであり、第三に免疫力を高めることです。

①ストレスを緩和する

ある程度のストレスは人間にとって必要なものといわれますが、過度のストレスはさまざまな障害を引き起こします。現代社会で健康な生活を送るためには、このストレスとうまく付き合うことが必要です。アルコールは、大脳新皮質にはたらいて抑圧を解き、ストレスを緩和します。つまり、リラックス効果をもたらすのです。

ストレスが加わると血管は収縮し、血流は悪くなります。日本酒の場合、核酸の一種であるアデノシンが多量に含まれていますが、このアデノシンは血管を拡張させ、ストレスを緩和させる効果があることが証明されています。

ストレスを緩和する方法はいろいろありますが、日本酒の適量飲酒は非常に有力な方法といえるのです。

②血液サラサラ効果がある

くり返しになりますが、アルコールは、血液中の悪玉コレステロールを減少させ善玉コレステロールを増やします。その結果、血液の流れを良くすることはよく知られています。また、日本酒は、アルコール飲料の中で血の流れを良くするアデノシンの量が圧倒的に多いので、血液サラサラ効果は強力であると考えられます。

③免疫力を高める

人体に侵入してきた異物、病原菌や細菌などを最初に食べてくれるのがマクロファージという免疫細胞です。このマクロファージを活性化するのが、日本酒に多量に含まれるアミノ酸、アルギニンやグルタミン、アラニンなどです。

風邪・インフルエンザ・新型肺炎・感染症などの病気には、発酵食品が有効であるといわれますが、これはこうじ菌や酵母菌のすぐれた働きによって、免疫力を高める物質が生み出されているからです。未解明のところも多いのですが、日本酒が人の免疫力を高めることは疑いありません。

二 「百薬の長」日本酒

さて、そのような三大基本効果をふまえて、日本酒が効果を発揮する具体的な疾病についてコメントしましょう。はじめに述べるのは、疫学的にも医科学的にも明らかにされているものです。

①がんを抑制する

統計的に明らかにされているのは、日本酒の消費量が多い東日本地域の方が、西日本に比べて肝硬変や肝がんによる死亡率が低いことです。また、いくつかの調査で、日本酒飲酒者の方が非飲酒者よりもがんの発症が少ないことが示されています。医科学的研究でも、日本酒には糀菌由来の糖タンパク質であるアスペラチンという抗がん性物質が含まれていることが明らかにされています。

②高血圧を予防する

日本酒の三大基本効果のひとつは、血液サラサラ効果で、これによって高血圧を予防することになりますが、さらに、日本酒の中には血圧上昇を抑えるペプチド（アミノ酸が複数結びついたもの）も存在しています。

③血栓を溶解させる効果がある

血管内で血液が固まってできるものが血栓ですが、これは血行障害をもたらし、脳梗塞や脳蓋内出血（脳出血、クモ膜下出血）の要因となります。日本酒の中にこの血栓を溶解させる成分があることがわかっています。血液サラサラ効果はこの面からもいえることです。

④老化・認知症の予防に役立つ

適量のアルコールが、老化防止に役立つことは、統計的に明らかにされていますが、日本酒には、老化を防止し、アルツハイマーなどの認知症に効果のある物質が含まれていることがわかっています。

⑤骨粗しょう症を予防する

海外には適量の飲酒が骨粗しょう症に効果があるという統計的な報告がありますが、日本では、日本酒の中の糀由来のペプチド系化合物に骨粗しょう症を予防する効果があるという発表がなされています。

さて次に、日本酒の健康効果として、統計（疫学）的に、あるいは経験的にいわれているものを列挙してみましょう。

①肝硬変を予防する

②狭心症・心筋梗塞などの虚血性心疾患を予防する

③脳血管疾患を予防する

④アトピー性皮膚炎を予防する

⑤糖尿病を予防する

昔は、日本酒は糖尿病の元凶という医者がいましたが、これは驚くべき誤解でした。

日本酒1合のエネルギーは約180キロカロリーで、これは、米飯で軽くお茶碗1杯にあたります。成人が1日に必要とする平均エネルギーは約2000キロカロリーなので、日本酒1合はその約9％です。アルコール量で換算して同じになるビール中びん1本強では、日本酒に比べ約30％も高カロリーです。糖尿病は、総カロリーの取りすぎから発症するものですから、日本酒は、糖尿病とほとんど関係がありません。それどころか、日本酒の適度な飲酒は、インスリンの作用を良くし、血糖値を下げることが明らかになってきています。糖尿病の予防に効果がみられるのです。

何度もくり返しますが、日本酒の内容成分は700種類以上あり、アミノ酸・有機酸なども

120種類以上あります。これらの内容成分の働きには未解明の部分も多いのです。これまで述べた以外にもさまざまな健康効果が指摘されていますが、それは、この日本酒の内容成分の働きの未解明の部分が関わっているのかもしれません。

いずれにしろ、このようにさまざまな効果のある日本酒は、もちろん適量飲酒が大前提ですが、まさに「百薬の長」の名にふさわしいものでしょう。

さて、最後に酒粕について触れなければなりません。

テレビでも取りあげられて、酒粕はたいへんな人気ですが、その効果は、日本酒について述べてきたものとほぼ同じです。一つだけ異なるのは、酒粕には繊維質が多いことです。米の繊維質は、液体の日本酒ではなく、搾ったあとの酒粕の方に多くなり、便秘などに効果があります。

酒粕も「百薬の長」の仲間です。しかし、「百薬の長」の本家は日本酒です。

第四章　日本酒を楽しむ

一　どんな料理にも合うのが日本酒

ワインはフランス料理との相性について相当研究されていますが、日本酒と和食・洋食・中国料理との相性研究はそれほど進んでいるとはいえません。とりあえずは、自分の舌で酒と料理との相性を確かめてみることが必要です。

ただいえることは、料理に合わせてみると、ワインの場合は料理に合わない、いってみればペケのつくものがかなりありますが、日本酒の場合はほとんどペケがつかない。悪くても三角、まあまあいける以下にはなりません。日本酒はどんな料理とも反発しないのです。

これはひとつの不思議です。これも内容成分が７００種類以上、旨味成分が１００種類以上あるということが関係しているのかもしれません。日本酒には、品質そのものに日本文化の特徴である「和」の精神が入っているのでしょうか。

もう一つの醸造酒の代表「老酒」はどうでしょう。

経験的にいえば、老酒は強い酒であり、料理と相和するというより、料理に負けない性格をもった酒といえます。シャンとしています。脂っこい中国料理の油脂を流すには適当でしょうが、料理との相性をみるという面白さには欠けるかもしれません。

日本酒は、まろやかで優しく繊細な味わいを特徴としており、日本文化が有するまろやかさ、優しさ、繊細さと共通の要素をもつばかりでなく、他者との「和」を醸すことでも共通しています。この意味でも日本酒は日本文化の酒といえるでしょう。

二　唎き酒を楽しむ

酒は芸術と同じく、人それぞれに味わえばよいものですが、長い経験の中から、酒の良否を判断する一定の手順が生み出されています。「唎き酒（官能評価、テイスティング）」です。唎き酒とは体の五感をフルに使って、酒の良否や特徴を判断しようとするものです。第二章で述べたように、日本酒の判断は、従来から色（視覚）、香り（嗅覚）、味（味覚）の三つが基本とされてきました。唎き酒を行うときは、それに加えて、香りと味のバランス、のどごし、温度と時間による変化の仕方、そして料理との相性などをみなければなりません。

日本酒の唎き酒のチェックポイントを示します。

色（視覚）　第二章の一及び二参照

・色合い（色み）をみる（無色であることが最良とはいえない）。
白（無）色か、山吹（黄）色か、茶色か、茶褐色か。
その他の色（乳白色や茜色）の濃淡。

・冴え、照り、光沢をみる。

香り（嗅覚） 第二章の三及び四参照

・まず香りの強さ。少なくとも強・中・弱の三段階に区分される。

・香りには3種類ある。

最も揮発しやすいもの――上立ち香群。

揮発性が中間的なもの――中間香群。

最も揮発しにくいもの――基調香群。

香りを3種類に分類する方法は、香り一般についての分類に使われていますが、日本酒でも、香りはまずこの三つに分類されます。前述のように、匂いを発する成分は、日本酒の場合100種類ほどあるといわれていますが、どういう成分が、3種類のどの群に入るかという定式化はされていません。ただ、吟醸香のうち、リンゴ系の香り（カプロン酸エチル）は上立ち香群に、バナナ系の香り（酢酸イソアミル）は中間香群に入るのかもしれません。生酛造りに特有の香り、それは酸味と旨味のまじったような香りですが、これも中間香群に入ると思われます。さらに、普通酒にみられる、蒸米のような香りは基調香群に入るのでしょう。

100種類もある香り成分は、一体どのように分類されるのでしょうか。香りの感覚は数値化することが難しいのですが、研究を待ちたいところです。ともあれ、この3種類の区分は重要で、これらの香りと器の関係は微妙です。これはのちに器の項で述べましょう。

さて、日本酒の香りにはもう一つの区分法があります。上立ち香と含み香とに分類する方法です。杜氏の唎き方が参考になります。

杜氏が香りを唎く場合、最初クルクルと器を回して香りを立て、上立ち香を唎きます。そして酒を口に含んで舌の上をズッズッとすべらせて舌にまんべんなく酒をゆき渡らせて味をみ、その後、吐き出す場合と、ゴクッと飲みこんでのどごしをみる場合があります。いずれにしろその後、一度口を閉じます。そして、鼻から息を抜く。そのときの香りを含み香といいます。相当訓練を積んだ唎き酒師でも、こういう唎き方をする人はほとんどいないので、杜氏独特の唎き方なのかもしれません。

香りの表現は多様です。

●果実にたとえる場合＝りんご様・バナナ様・桃様・ぶどう様・マスクメロン様…

●花にたとえる場合＝桜様・水仙様…

●野菜・草にたとえる場合＝ミント様・春菊様・アスパラガス様・わらび様…

●キノコにたとえる場合＝マッシュルーム様・まいたけ様・えのきだけ様…

●ナッツにたとえる場合＝カシューナッツ様・大豆様・くり様…
●樹木にたとえる場合＝すぎ様・ひのき様・まつ様・なら様…
これ以外にもいろいろ考えられますが、これはソムリエの得意分野でもありましょう。

日本酒は、香りを唎くだけでも面白いものです。
朝・昼はともかく、夕食の折はさまざまな酒を唎き、料理との相性をみてはどうでしょうか。それだけで気分転換になり、ストレス解消になります。文化的な飲み方は健康に良いのです。

味（味覚） 第二章の五及び六参照

すでに述べたように、味は七味（甘・辛・塩・酸・苦・渋・旨）に分けて考えるのが妥当だと私は考えています。そして日本酒の味としては「甘・酸・苦・渋・旨」であると述べました。これらの味を人間の舌は微妙に感じとることができ、それらの味の強弱とバランスが、酒の味の特徴・個性を決めます。

日本酒を口に含んで飲みほす（唎き酒の場合はほとんど吐き出す）までの間に、三段階の味わいがあります。

まず第一は、口に含んだ瞬間の最初の味わい（アタックともいう）であり、第二は舌全体で味わう全体の味わいであり、第三は飲んでしまったあとの後味と余韻です。

第一の最初の味わいでは、まず甘味を感じることが多くなります。舌の先端部分の味蕾は、甘味に強く反応するからです。

第二の全体の味わいの時点では、甘味に加えて酸味、苦味、渋味、旨味などを感じることになります。旨味が多い酒は、おいしく感じられます。苦味はアミノ酸が多いと感じますが、あまり多いと好まれません。うすい苦味は、ボディのしっかりした厚みを感じる酒になります。ただ、渋味は発酵がうまくいかなかった場合に感じるものです。日本酒の場合、感じることは少ないようで、このあたりがワインとの違いです。

ワインの場合、酸味、苦味、渋味などを感じ、とくに赤ワインの場合は、苦味、渋味のバランスを見分けないとその良さはわかりません。日本人の場合、甘味と旨味の多い食材が豊富なので、赤ワインは苦手な人が多いようです。その代わり、甘味や旨味の濃淡やそのバランスについては敏感です。おそらく世界中の民族の中で、甘味と旨味について最も繊細な感性をもっているのは日本人でしょう。71頁で述べた「通の旨口」の根拠はここにもあります。食材の違いによって舌は鍛えられるのです。

さて、最後の後味と余韻の部分です。

つけ加えなければならないのは、この時点で含み香が働くことです。香りの中で、揮発しにくいものが、このときに感じられて味にも影響を与えます。これはきわめて微妙なので、全体として働いているとしかいいようがありません。

この後味と余韻で旨味があれば、その酒は良い酒であると日本人は感じます。旨味は舌の奥の部分で感じやすいのですが、苦味も舌の奥の方で感じやすいので、強すぎなければ厚みのある味だと感じられます。渋味が残れば、それはあまり良い酒とは感じないものです。渋味のあるものは発酵もうまくいったとはいえません。

そしてこれらの味が、あとを引きます。余韻です。スッと切れるもの、長く尾を引くもの、ふくらむもの、いろいろあります。何がいいかは人の好みにもよりますが、一般的には旨味がある程度残るものを心地よいと感じます。

ここで辛味のことについて触れておきます。

酸味やアルコールを私たちは辛く感じるといいました。しかし厳密にいえば、酸味は酸味で辛味ではありません。アルコールの場合、純粋のアルコールは舌を刺激するので、辛味と同じように感じるともいえますが、厳密には、同じものとはいえません。しかも日本酒のアルコール分は22度未満ですから、刺激味を感じることはほとんどないはずです。辛味を感じるとしたら、他の雑味成分で感じるか、よほど特殊なものといってよいでしょう。そういうわけで、辛味は日本酒にはないとしておきます。

蛇足ですが、酒の味の個性を考える場合は、五つの味それぞれの強弱を捉えることが必要です。

香りと味のバランス

香りと味とは互いに影響を与えます。

もちろん、まず香りだけを唎くのであれば、香りが味に影響を与えることはありません。しかし、口の中に入れたときの香り、含み香は味に影響を与えます。鼻をつまんで料理を味わうと、味わいが変化することは多くの方がご存知でしょう。

香りの質や強さが、酒自体の味の質や強さと、うまくバランスのとれている場合と、バランスを崩している場合とがあります。香りと味のバランスがとれてハーモニーを感じるものは、心地よくまろやかです。人によっては、甘味や旨味に感じる人もいます。

これは、経験的なもので、どういう理由でそうなるかは定かではありません。香りや味はまことに複雑・微妙なものです。しかし、このことも唎き酒の要素としては重要です。

のどごしの良否

唎き酒の数が多い場合、お酒を飲んでしまうと酔いが回り、香りや味がわかりにくくなります。そこで、そういうときは、色を見、香りを嗅ぎ、味をみて、最後に吐き出すのが通常の方法です。しかし、実際には、のどごしの具合も酒を唎くときの重要な要素です。吐き出すのと飲んでしまうのとでは、印象が微妙に異なるからです。

のどごしの良否は、後味と余韻に関わるものでしょう。爽やかなのどごしは心地よいものです。

温度と時間による変化

日本酒は繊細・微妙な酒です。温度が5℃違うだけで、味わいは変わります。雪冷え・花冷え・涼《すず》冷え・常温・日向《ひなた》燗・人肌燗・ぬる燗・上燗・熱燗・飛びきり燗、それぞれの温度によって味わいはまったく異なるのです（常温とは20〜25℃。それ以外の酒の温度と表現についてはl09頁参照）。

これはなぜでしょうか。味の成分によって、温度の違いで感じ方が変化する場合があるからです。甘味成分は、35〜40℃で最も甘く感じます。温度が低くなっても、高くなっても、甘味は感じにくくなります。アイスクリームを食べたときを思い出してください。

旨味成分も、甘味成分と同じように感じます。

苦味成分は、温度が上がるに従ってうすくなります。

渋味成分も、温度が高くなるとうすくなります。

塩味も同様で、温度が上がるに従ってうすくなります。

酸味成分は、ほとんど変わりません。

辛味成分もほとんど変わりません。

これらのことは、従来から経験的にいわれていることです。しかし、なぜ味の成分が温度帯によってこのように変わって感じられるのかは不明です。おそらく舌と脳の複雑な働きによるものでしょう。
面白いのは、酸味成分が温度によってほとんど変わらないといっても、他の成分、甘味成分や旨味成分が強くなる温度帯（たとえばぬる燗）になると、酸味がうすく感じられたりすることです。要するに全体のバランス、ハーモニーが大事なのです。

もうひとつ、時間によっても酒の味は変わります。たとえば、お酒を注《つ》いで置いておくと、燗の場合、当然ながら温度が下がっていきます（冷やの場合も常温に近づく）。これによって酒の味わいは変化します。仮に熱燗（50℃）に温めても、常温のままの徳利や猪口に入れればそれだけで冷めます。およそ3～5℃は変化するのです。繊細な日本酒を提供する場合は、このような温度変化も考慮しなければなりません。

さらには、時間によって進行する酸化も問題です。容器に密封されていた状態から解放された状態になると、酒は酸化を始めます。味わいは変化します。ただこれには、良くなる場合、あまり変化しない場合、明らかに劣化し始める場合があります。

赤ワインなどは、まだ熟していない状態で開栓されることがありますが、そのときは酸化するように、デカンタやグラスの中で時をかせぐと、まろやかになっていきます。よく見かける光景です。

日本酒の場合も、実はこういうことが起こっているのです。生酛系のお酒の場合は、抗酸化物質が多いので、赤ワインと同じように空気に触れさせ、時間をおくとまろやかになることがあります。まことに複雑・微妙です。

料理との相性

唎き酒のチェックポイントの最後は、料理との相性をみることです。
これについて述べるには、日本酒の四タイプ分類をまず確認しなければなりません。

三　日本酒の四つのタイプ

さまざまな種類の日本酒をどう区分すればわかりやすいでしょうか。甘・辛というのも一つの区分として用いられます。すでに述べたように、厳密な意味での辛味成分は、日本酒には存在しません。にもかかわらず、甘・辛表示がなされていますが、これは、甘味成分・旨味成分が多いものを甘口、少ないものを辛口といっていることになるでしょう。酸味成分の多いものを人は辛く感じるので、酸味成分も多少は関係していますが、全体としては、甘く感じるものを甘口、甘さを感じずスッキリとしているものを辛口と表現しています。

ラベルには日本酒度も表示されていますが、これは参考資料くらいに考えた方がよいでしょう。甘・辛でもなく、日本酒度でもない、もうひとつの区分の仕方が四タイプ分類です。これは日本酒の重要なファクターである香りと味の強弱で分類する方法です。

図で示すと下のようになります（図４）。

この四タイプ分類は、料理との相性を考える場合には、甘・辛表示よりも有効です。

第一のタイプは、香りが高く、味が若々しいタイプで、これは「香りの高いタイプ」＝「薫酒」です。大吟醸酒や吟醸酒があてはまります。

果実や花の香りのするフレーバータイプで、フルーティーなフレーバーは海外で

図4　清酒の四タイプ分類

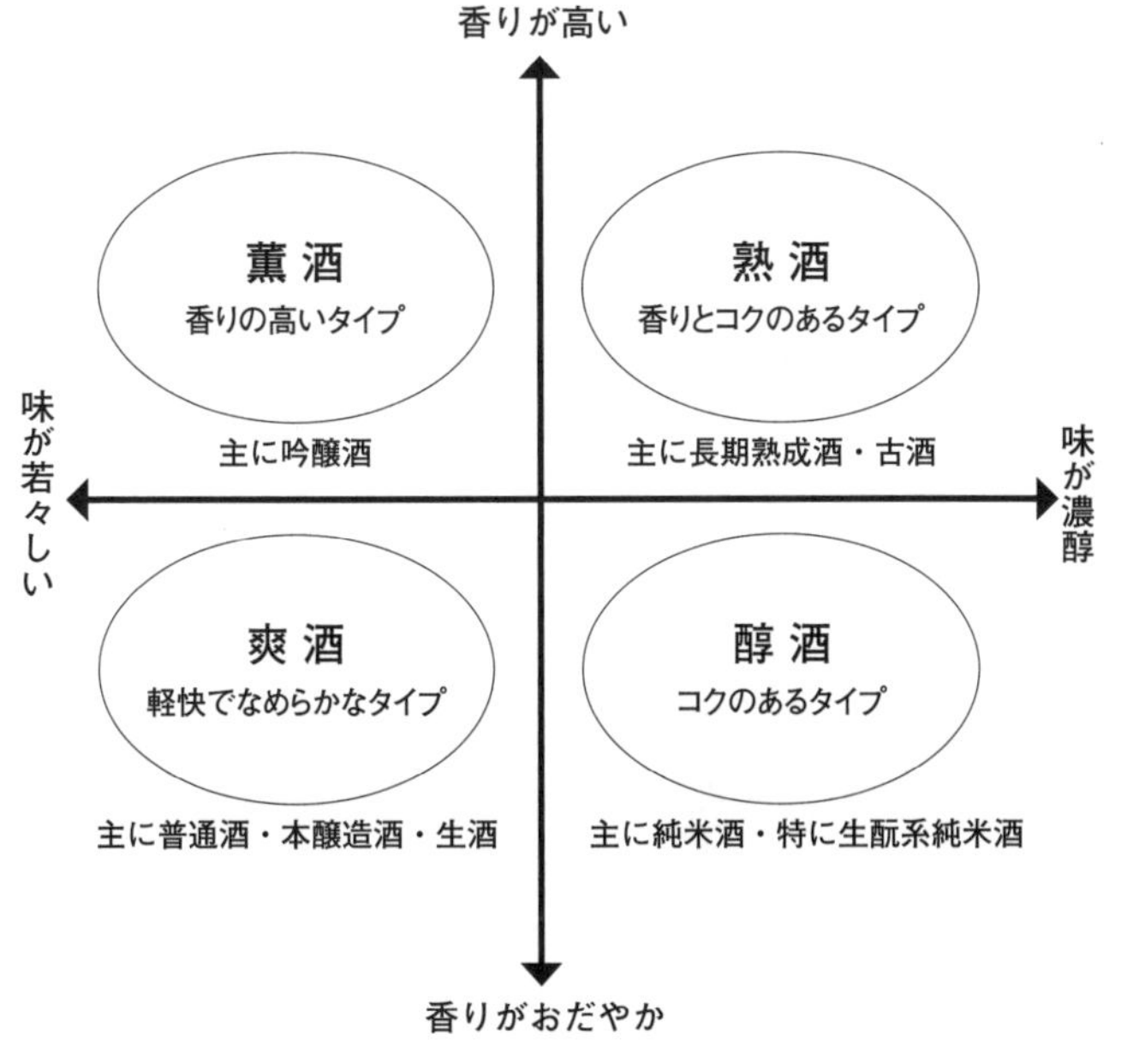

人気があります。精米歩合が低く、低温発酵され、吟醸酵母を使用していることが多いものです。

第二のタイプは、「軽快でなめらかなタイプ」で、「爽酒」です。日本酒としては最もシンプルで普通のタイプ。香りは控え目ですが、新鮮な含み香があります。

主にサッパリした普通酒・本醸造酒、生酒・生貯蔵酒などがこれに該当します。

第三のタイプは、「コクのあるタイプ」で、「醇酒」です。最も米の酒らしい旨味とコクをもったタイプ。蒸米のような米の香りがします。

純米酒、特に生酛系の純米酒がこれに該当します。

第四のタイプは、「香りとコクのあるタイプ」＝「熟酒」です。山吹色の輝き、複雑な味と余韻。長期熟成酒・古酒がこれです。

四　日本酒と料理の相性を楽しむ

どんな料理にも合うのが、日本酒の特徴であると述べました。

しかし、それは、反発するものがないという意味であって、相性のとくに良いものから普通のものまでいろいろです。そしてその相性は、四つのタイプによってほぼ区分することができるのです。四タイプ分類の意味は、料理との相性をみる場合に明らかとなります。甘・辛の分け方では料理との相性をみるのには不充分です。

とはいえ、料理の味も複雑・微妙で、日本酒の味も複雑・微妙です。日本酒の場合、アルコール飲料の中で最も多い内容成分が、料理の香味成分と複雑・微妙に反応するのですから、まことに奥が深いのです。

沢の鶴では、平成四年（一九九二）ごろから、日本酒と料理の相性研究を始め、膨大な種類の料理と日本酒の相性についてのデータを収集しています。この相性研究の過程で定式化された料理と酒の味覚上の反応は次の10種類です。

①調和・同調【同様の風味をもつものの違和感のない組み合わせ】
②相乗効果【旨味の相乗効果が生まれる場合】
③料理がおいしくなる【主に料理がおいしくなる場合】
④酒がおいしくなる【主に酒がおいしくなる場合】
⑤口中をサッパリさせる【脂肪分などを洗い流し、サッパリする場合】
⑥生臭みを抑える【料理のマイナス面を抑える場合】
⑦とくに際立つ変化なし【料理と酒それぞれの味わいが平行である場合】

⑧酒と料理が反発する【料理と酒が出会ったとき極めて不快な香味や舌触りの悪さが生じる場合】
⑨料理か酒のどちらかが負ける【どちらかの特性がまったく生かせない場合】
⑩酒と料理が消しあう【相殺する場合】

この区分けによって明らかになった日本酒と相性の良い料理は次のようになります（ここでは和風料理のみ示す）。

①薫酒（香りの高いタイプ。吟醸酒や大吟醸酒）
相性の良い料理＝素材の味を生かした料理（食前酒には最適）。

和風料理の例＝白身魚薄造りポン酢添え。はもの湯引き梅肉あえ。穴子の白焼き。生牡蠣レモン添え。えびしんじょう。鮎の塩焼きタデ酢。はまぐりの酒蒸し木の芽添え。

②爽酒（軽快でなめらかなタイプ。さっぱりした普通酒、本醸造酒や生酒）
相性の良い料理＝軽い味付けの料理や、素材自体に淡い甘味をもった料理。

和風料理の例＝出汁巻き玉子。茶碗蒸し。ふろふき大根。湯豆腐。若竹煮。牡蠣酢。車えび塩焼き。そば。

③醇酒（コクのあるタイプ。純米酒、とくに生酛系の純米酒）
相性の良い料理＝旨味の強い素材や、味にコクのある料理。

和風料理の例＝筑前煮。鴨の治部煮。すき焼き。さばの味噌煮。ぶりの照焼。きんきの煮付け。焼き鳥（タレ）。牡蠣の土手鍋。酒盗。かに味噌。からすみ。

④熟酒（香りとコクのあるタイプ。長期熟成酒や古酒）

相性の良い料理＝肉類を素材とする料理。脂肪分の多い濃厚な味の料理。

和風料理の例＝うなぎの蒲焼き。鯉の甘煮。豚の角煮。ぼたん鍋。焼き味噌。

さて、どんな料理にも合うのが、日本酒と述べました。ということは、和風料理だけでなく、西洋料理、中国料理、そしてエスニック料理にも合うということです。手前味噌かもしれませんが、ワイン・ビールより洋風料理に合うのが日本酒、老酒より中国料理に合うのが日本酒です。和風料理以外の料理にも、ぜひ日本酒を合わせてみてください。

料理も日本酒も複雑・微妙と述べました。したがって料理と酒の相性は、味付け具合、焼き具合、煮付け具合などでも変化します。料理と酒の相性は、結局、料理一品、酒一種類でそれぞれ異なるということです。それゆえ、毎回、自分の舌で相性をみなければなりません。難儀なことではあります。しかし、それは、極上の楽しみではないでしょうか。

五　燗・冷や・ロック・水割り、それぞれの楽しみ

お酒は嗜好品ですから、自分の好みで好きなように飲めばいいのです。冬はもちろん、暑い夏でも燗酒、それも熱燗がいいという人もいます。

くどいようですが、日本酒は、温度に対してデリケートに反応します。温度が5℃違うだけでまったく違う印象の酒になります。その意味では、いろいろの温度帯で飲んでみるのも面白いし、また飲み方を変えてみるのも面白いものです。

さて、第三章の１０９頁ですでに燗と冷やの温度について述べましたが、ここでは飲み方のいろいろについて述べてみましょう。

燗

ここではお燗のつけ方について触れたいと思います。

お燗の方法はいろいろありますが、おいしくつける基本（コツ）はただ一つ、「過加熱（スーパーヒート）を極力避ける」ということです。

通常日本酒には約15％のアルコールが含まれていますが、このアルコールは約80℃で蒸発し始めます。したがって燗容器が急激に加熱されると、容器に接する部分（局部）のお酒は80℃を超え、アルコールは一部気体となって分離し、それがさらに他の低温部分のお酒に再溶解するとい

う現象が起こります。再溶解したアルコールなどの成分はお酒と馴染んでいないため、香味に違和感、ピリピリした感じがすることになります。

お燗のコツを含め、お燗の方法について説明しましょう。

①徳利とお湯を使う方法（湯煎法）

80℃以下のお湯に一定時間容器を浸して適度の燗温度を得る方法は、手間と時間はかかるものの、理想的な燗といえます。これは、家庭で通常行われているやかんを使ったやり方でも、料飲店での燗銅壺《かんどうこ》（80℃にコントロールすれば最適）でも、同様の結果が得られます。時間の節約のために沸騰したお湯に入れるのは、次善の策となります。このときはお湯の方に差し水をするとよいでしょう。

②直火燗《じかびかん》（酒の入った容器を直接、火で熱する方法）

鍋ややかんなどに酒を入れ、それを炭火・電熱・ガスにより直接温める方法。古くから行われてきた方法ですが、焦げ付きなどに注意し、過加熱を少なくするようにすれば、かなり良い燗の方法です。

③小型電気式酒燗器（電気ポット方式）

温度調節機能付きで燗温度が自由に選べるので、家庭などでの燗に向いています。沢の鶴では陶器製のものの方が評価が高くなりました。

④電子レンジ（電磁波の作用）

急速に加熱する構造であるため、過加熱が起こりやすいこと、くびれのある酒器はその部分に電磁波が集中し過加熱が起こりやすいこと、さらに温度ムラも心配です。上部と下部の温度ムラを避けるには「アルミ箔で液面の下まで充分に覆い加熱すること」が必要です。なお温度ムラがある場合は、混ぜあわせるとよいでしょう。これらの点に気を配れば、電子レンジでのお燗も悪くありません。

⑤自動酒燗器

料飲店で迅速かつ多量に燗をつけるために開発されたものです。メーカーによって、加熱方式や容器の構造などが異なります。「手軽さ」「燗酒の品質」「残酒の量」「手入れの簡便さ」など、それぞれ一長一短です。過加熱の問題に加えて、「材質からくる異臭」の問題もあり、製造メーカーの今一段の研究が期待されます。また料飲店での取り扱い方法についても、いっそうの気配りをお願いしたいと思います。

冷や

「冷や」というのは燗酒に対する言葉で、昔は常温（20℃前後というよりはほぼ大気の温度）で飲むことをこう表現しました。もちろん井戸水で冷やして飲むこともあったので、そのときはもう少し低い温度であったと思われます。冷蔵庫の普及した今日では、雪冷え（5℃前後）、花冷え（10℃前後）、涼冷え（15℃前後）など、温度を変えて楽しむこともできます。

面白いのは、温度が低いと冷やの爽快感は強くなるのですが、香りは弱くなり、逆に温度が上がると爽快感は弱くなりますが、香りは強く感じられることです。

一般に冷やの場合は、10℃から15℃までの温度帯はどのような品質の日本酒でもほとんどおいしく飲める、黄金の温度帯（ゴールデン・スパン）であると述べました。しかし、温度帯によって香りの強さと爽快感のバランスが異なってくるので、人それぞれに評価が違ってくることもあります。また、熟成酒（古酒）の場合は20℃から25℃で味わいが整うこともあるので、常温が最適温度であるという人もいます。まことに微妙であり奥深いものです。

オン・ザ・ロック

グラスに氷を入れて、それに酒を注ぐというだけのことですが、味わいに爽快感が出て、またひと味違う感覚を楽しめます。飲みやすくなるのが特徴です。

灘・伏見の大手11社が、夏の新定番「日本酒ロック」と称して、共同で提案をしています。「お燗番」ならぬ「お冷番」の女性たちがＰＲにひと役買っています。

サムライ・ロック

これも「夏の新定番」として、灘・伏見の大手11社が推奨しています。氷を入れたグラスに日本酒とライムジュースをほぼ5対1の割合で入れ、よくかきまぜれば出来上がりです。生のライムを好みで搾って入れるのもよいでしょう。

日本酒とライムはよく合うので、カクテルとして昔からよく飲まれています。なぜ「サムライ」なのでしょうか。「サムライ」は日本の象徴であり、また、切れ味があざやかな飲み口であること、さらに、「サケライム」という言葉の響きから「サムライ」になったともいわれています。

カン・ロック

日本酒を一度燗をしてから、ロックで飲むやり方が「カン・ロック」。グラスに大きめの氷を入れ、熱めに燗をした酒を一気に注ぎます。そしてカラカラと氷になじませると出来上がり。急激に冷やされた日本酒は、水っぽくなることなく、サッパリとした味わいになります。

夏にはとりわけ面白い飲み方です。

みぞれ酒

かき氷やクラッシュアイスに、好みで適量の日本酒を注いで飲むのが「みぞれ酒」。

暑い季節にはとくに面白いものです。

水割り（玉割り）

日本酒を水で割って飲む方法は、少なくとも江戸時代から行われていました。これを「玉割り」といいます。

原酒とか生酛系の日本酒に向いています。好みのアルコール度数で飲めるのと、味わいが変化するので面白い飲み方です。

ハイボール

氷を入れたグラスに日本酒を注ぎ、炭酸水で割ります。柑橘類（ライム・柚子・スダチなど）のスライスを入れると爽快感が生まれます。

日本酒の飲み方については、これ以外にもいろいろ考えられます。楽しみの幅を広げるために、さまざまに試していただければ幸いです。

六　酒器について

酒を飲む小道具である酒器についても、歴史があり、いわれがあります。

酒が神様の醸《かも》される神聖なものと考えられていた時代には、酒を注ぐ器としては瓶子《へいし》や銚子《ちょうし》がありました。古くはそれを素焼きの土器（かわらけ）で飲んでいました。時代が下ると漆の盃が登場します。当時は、直会《なおらい》※の形を引き継いで、漆の盃で回し飲む風習があったので、大盃が多く用いられました。今日残っている漆の大盃はまことに美しいものです。

漆芸家の三田村有純氏は「漆の美しさとは永遠性です。命の魅力です。お酒は、神様との関わりでいただくのですから、漆塗りがふさわしいのです」と述べています。

室町時代後期からは、陶器・磁器が普及していきます。徳利や盃にも陶器・磁器が使われるようになります。江戸時代中期からは、一人で飲む「ひとり酒」もみられるようになり、使いやすさもあって小さな徳利と猪口が普及することになります。

そして、江戸後期から明治以降は、ガラスの盃が用いられるようにもなります。ガラスの徳利は今でもそれほど用いられてはいないので、冷やで飲む場合は、瓶から直接ガラスの盃や器に注いで飲むことが多くなっています。

現在では、さまざまな場面で、いろいろな酒器を用いてお酒を飲むことができます。酒器についても、その場に応じて、好きなもの

図5　盃の形状

を使って飲めばよいのですが、いくつかのポイントだけを述べておきましょう。

素材

一般的には、陶器・磁器・漆・ガラス・金属などがあり、それぞれに美しさがあります。その場の雰囲気に合ったものを選びたいものです。大事なことは、素材にかかわらず、酒がおいしく見えるものを選ぶこと。「冴え」とか「照り」、光沢のわかるものがベターでしょう。

形状

盃の形は、図5のように、大きくいえば四つに分類され、形によって香りの立ち方に影響が出ます。

平皿型、昔の漆の盃のような形のものは、香りが立ちすぎる場合があります。したがって香りを楽しむには不適です。

風船型、ブランデーグラスのようにグラスの下部が張ったような形のものは、香りの立ち方が緩やかになります。長く香りを楽しむのに適しています。

円筒型・ラッパ型のものは、その中間であり、一般的には無難です。

※直会……祭りの終了後に、神前に供えた御酒《みき》・御饌《みけ》を、神職をはじめ参列者の方々でいただくこと。

注意しなければならないことがあります。日本酒の場合、匂いのある成分は100種類ほどあるとされており、かなり多いのです。そしてこの匂い成分は、香り立ちしやすい軽いもの、香り立ちしにくい重いもの、その中間的なものと、ほぼ三つに分かれます。
とくに風船型の場合、香り立ちしやすいものは先に出ていきますが、時間が経つと重い香りのものが残って、香りが大きく変化することがあります。それもまた面白いといえば面白いのですが、印象が悪くなることもあります。香り成分も、バランスよく香り立ちしているものを喇くのが自然でしょう。
なお、温度が高くなるほど香り立ちしやすくなるのも当然のことです。

器の大きさ

これも好みで選べばいいのですが、自分の飲むテンポは意識しておく方がよいでしょう。器に入ったお酒の温度は、冷たいものは温かくなり、熱いものは冷めていく、つまり常温に近づいていくので、一定時間で飲みきれるような器の大きさが好ましいのです。

「マイ盃」について

日本酒党の中には、自分の気に入った盃、それは陶器か磁器の猪口であることが多いのですが、それをいつも持ち歩いている人がいます。お酒の席になって、やおら盃を取り出すときのうれしそうな顔は、なんとも微笑ましいものです。盃も抹茶茶碗と同じで、使っていると色合いに深みが出てきます。もちろん愛着も深くなります。これもひとつのオシャレかもしれません。

七　日本酒の作法

「集《つど》い酒」というか、多人数で飲む場合、どのような行為が作法に適っているのか、逆に不作法とされるのかを一応知っておいた方がよいでしょう。ここでは、作法・不作法の概略を示したいと思います。

酒席の作法の基本

●楽しく、美しく飲む。
●人を不快にさせ、迷惑をかける行為をしない。
●お酒と器、調度品などを大切に扱う。
●酒に飲まれない。泥酔しない。

注《つ》ぎ手の心得

●無理強いしない。

●お酒を注ぐのは右手の方が良いとされているが、片手で注ぐより、もう一方の手を添えた方が丁寧である。徳利や瓶は正面の部分（絵柄やラベルで判断）を上にして注ぐ方が美しい。
●置き注ぎは避ける。同席者が置いている盃に無断で酌を行わない。
●逆手注ぎは避ける。順手ではなく、手の甲を下にして盃に注がない。
●お酒を盃に注ぐ量は、盃の八〜九分目ぐらい。お酒をすすめるタイミングは、相手の盃の量が三分の一以下になったころ。

受け手の心得

●お酒をすすめられたときは一口飲んでから受け、注いでもらったあとはそのまま盃を置かずに少し口をつけてから置くようにする。お酌を受けるときは必ず盃を手に持つようにする（洋式の場合と異なる）。
●お酌を受ける場合も、持ち手にもう一方の手を軽く添えた方が丁寧である。

献盃、返盃の作法

日本酒は「差しつ、差されつの文化」あるいは「注いで、注がれる文化」といわれます。複数の人が徳利と盃で飲みあうときには、そういう形になります。自分で盃に酒を注ぐのは好ましいことではないとされているので、互いに注ぎあうことになるのです。自分の盃が空になってお酒を注いでほしいときにも、まず相手に注いで、あるいは注ぐ形をとって、自分の盃に注いでもらいます。これは絶妙のコミュニケーションといえるでしょう。外国人からみれば、徳利と盃はコミュニケーション・ツールとしてまことに面白いものと思えるようです。

しかし、慣れない人からすれば、やや面倒な作法と見えることもあるようで、近ごろでは、酒量の多い人は大きめの盃やグラスを選んだり、また「手酌でやりますから」とことわって自分の盃に自分で酒を注いだりする場合も多くなっています。これも時代の流れでしょう。

さて、「献盃」、「返盃」の作法です。これは、酒席で盃を共有することで親しみや敬意を表す行為です。

「献盃」というのは、目下から目上の方へ盃を献じて酒を注ぐことをいい、献盃ののち、目上の方からもらうのが「返盃」です。また先に目上の方の盃をもらう場合もあります。この場合には「お流れ頂戴します」と両手で盃を受け、酒を飲み干してから「ありがとうございました」と礼を述べ、「盃洗《はいせん》」が近くにある場合には盃の飲み口を軽く洗ってから盃を返し、そのあと目上の方の盃に酒を注いで「返盃」することになります。

これが通常の献盃、返盃の作法ですが、その場の雰囲気に合わせて行うべきでしょう。あまり堅苦しくなるのは好ましくありません。

その他の不作法

●一気《いっき》飲み＝大盃の酒を一気に飲んだり、飲ませたりすることは、酒の無理強いであり、酒席の乱れをもたらします。急性アルコール中毒の危険もあり、お酒も人も大切に考えていないことになります。美しいとはいえません。

●倒し徳利＝飲み終えた空の徳利を横倒しにすること。酒席が乱雑になり、残った酒で汚れます。徳利が傷む原因にもなります。

●覗《のぞ》き徳利＝徳利を覗きこんでお酒の残量を確認すること。美しくありません。慣れてくれば徳利を持ちあげただけで、ある程度、酒の残量はわかってくるものです。

●振り徳利＝酒の残量を振って確認すること。酒席にある酒の量を確認するためには必要な場合もありますが、さりげなく目立たないようにすることが肝要です。

●併《あわ》せ徳利＝複数の徳利の残酒を併せまとめること。日本酒の温度や質を変化させるので、好ましいことではありませんが、やるとすればさりげなく行うこと。

●逆《さか》さ盃＝盃を裏返しにして酒を拒否する意思表示。衛生的でなく、また雰囲気を悪くします。やわらかく断る方が良いとされています。

和《やわ》らぎ水を用意する

昔は、日本酒を飲みながら「水」を口にすることは好ましいこととはされませんでしたが、今では、口の中をリフレッシュしてお酒や料理をよりおいしく味わうことになり、また酔いを和らげる効果もあるので健康にも良いと推奨されています。酔いざめもスッキリします。日本酒を飲むときは、ぜひ「和らぎ水」を用意して、ときどき口を洗ってください。「和らぎ水」とは、水を入れたグラスに、少し氷を浮かべたものです。

日本酒の作法と酒道

日本酒を飲む場合の作法について書いてきましたが、これは、これまでの長い年月の中で、先人たちがお酒をおいしく楽しく飲むために考えてきた智恵や気遣いが、一般に広まって常識と考えられるようになったものです。

古くは、酒礼とか式三献などという形もありましたので、これらのエッセンスが今日の日本酒の作法として伝わっていると考えられます。ただ、これまで述べてきた作法は、人と人、人と物との関係が中心でした。酒の作法として伝わっていないこと、あるいはうすくなっている要素もあります。

昔はお酒は神様が醸されたもの、あるいは、神様と共にいただくものという意識がありました。今風にいえば、感謝の心でしょうか。お酒を飲む機会が、今ほど日常的ではなかったということもありますが、昔は神様・仏様・ご先祖様に感謝しつつお酒を飲んだのです。

「乾杯」の形については第七章で詳しく述べますが、今でも乾杯のときは「……を祈念して」とか「……を祝して」とかいうのが普通です。このとき、私たちは知らず知らずのうちに、神様か仏様かご先祖様か、あるいは「人智を超えたもの」に祈っています。意識はしていなくても、感謝の心が表れています。これはまことに不思議なことです。

そこで提案したいと思います。

複数で飲む「集い酒」であれ、一人で飲む「ひとり酒」であれ、日本酒を飲むときは「乾杯」をしてほしい。そのとき、「人智を超えたもの」にも感謝の心を添えてほしいのです。

さて、日本酒には、茶道や華道と同じように「酒道」というのはないのかと問われることがあります。

室町時代の末期、酒道らしきものがあったことは事実です。公家流、武家流、商家流の三つの流儀があったとされます。しかし、これは「酒道」という言葉でまとめられたものではなく、三つの流儀でそれぞれお酒の「作法」が定められていたというものでした。これがどれだけ普及したのか定かではありません。また、その後、次第に消えていったようで、今日では伝書の一部が残っているにすぎません。もともと、士道や武士道という言い方は江戸時代にあったようですが、茶道や華道、柔道、剣道も、明治時代になって「道」がつけられたということです。それ以前は「茶の湯」「生け花」「柔術」「剣術」といわれていました。なぜ「道」がつけられるようになったのでしょうか。これは今後の研究課題かもしれません。

酒道らしきものがなぜ残らなかったのかですが、思うに、酒の飲み方、酒の作法を知ることは必要でも、それを通して人間の修養としての酒道を考えることには、いささか無理があったのではないでしょうか。

お酒は不思議な飲み物で、普通は酔うにつれ、気分が良くなり心も高まるものです。お酒は楽しく飲みたいというのが人々の本音でしょう。とすれば、ある程度の作法は必要ですが、酒を通して人間の修養をめざす酒道は、人々に容易には受け入れられなかったのではないでしょうか。

禅のお坊さんが酔禅もあると語っていたことがありますが、これもお酒好きの言い訳であったのかもしれません。ただ、酒で失敗をしないように心掛けることはひとつの修養になることも事実でしょう。

要するに、あまり酒道にこだわらないでいいのではないかというのが、今の私の考えです。礼儀にかなった作法を身につければ十分ではないでしょうか。

八　四季折々の日本酒

日本には豊かな自然があります。水と緑があります。東アジア・モンスーン地帯の中に位置するため雨が多く、それが日本の風土の特殊性を形作っています。しかも、日本列島は南北に長い。そして色鮮やかな四季があります。

「桜前線北上」などという優雅な表現は、日本以外、世界のどこにもないのではないでしょうか。ここに日本文化があります。

日本人は、古来より四季折々の変化を賞《め》でてきました。まことに日本の四季は美しい。そして日本人はそのときどきにお酒を友としてきました。「花より団子」といいますが、実際は「花よりお酒」であったのではないでしょうか。四季折々、それぞれの季節や行事に合わせて飲むお酒を選べば、よりおいしく、より楽しく、より愉快に過ごせるでしょう。

そうした楽しみ方と、四季折々に合うお酒を考えてみましょう。具体的に沢の鶴の商品名もあげてみました。

正月の酒

正月のお祝いにお屠蘇《とそ》を飲んで、一年間の邪気を払い、延命を祈願する家庭は今もあります。お屠蘇は、数種の生薬を配合した屠蘇散を日本酒（みりんの場合もある）に浸して作ります。ひと手間かかるのと、生薬の香りや味が苦手という人もいるので、お屠蘇とはいっても、日本酒だけを飲んでお祝いし、祈願をする家庭も多いでしょう。屠蘇散を用いてお屠蘇を作る方法は中国から伝わったものですから、日本のやり方としては、日本酒で行うのが本来の方法といえます。

さて、正月のお祝いの酒にはどのような日本酒が好ましいでしょうか。

屠蘇散を浸してお屠蘇を作るのであれば、最も一般的な日本酒、爽酒（軽快でなめらかなタイプ）が好ましいでしょう。沢の鶴でいえば、『上撰　本醸酒』や『米だけの酒』です。
日本酒そのものをお祝いの酒として使うとすれば、薫酒（香りの高いタイプ）が似つかわしいでしょう。新春の香り立つ感じがあります。沢の鶴でいえば、『吟醸　瑞兆』『純米大吟醸　瑞兆』『純米大吟醸　鶴の舞』などです。

ともあれ、一年の初めのお祝いには、家族そろって日本酒で乾杯をしたい。そして、一年の安寧と健康を祈念したいものです。

春の花見酒

春はなんとなくうきうきとした気分ですから、爽やかな酒がふさわしいでしょう。すがすがしい味の薫酒、あるいはサッパリした爽酒、生酒などがいいでしょう。沢の鶴でいえば『吟醸　瑞兆』『上撰　本醸造』『本醸造生酒』などです。アルコール度数の低い『米だけの酒　旨みそのまま10・5』や『古酒仕込み　梅酒』なども面白いと思います。

戸外で飲む場合は、沢の鶴のヒット商品『1・5カップ』がおすすめです。

夏の酒、土用のうなぎに

暑い夏にはサッパリした酒、爽酒とか生酒、オン・ザ・ロックなどもいいでしょう。沢の鶴でいえば『上撰　本醸造』『本醸造生酒』。オン・ザ・ロックでやるなら、長寿商品『本醸造原酒』

が味わい深いでしょう。

土用のうなぎは味が濃いので、醇酒（コクのあるタイプ）や熟酒（香りとコクのあるタイプ）がよく合います。沢の鶴でいえば『純米酒　山田錦』『山田錦の里　実楽』や古酒の『大古酒　熟露』です。

月見の酒

秋になると、春までに醸造した酒は、貯蔵期間を経て味がのり始めます。このころ、醇酒の味が深まってきて、灘の酒でいうところの「秋晴れ」が始まります。沢の鶴ですと『純米酒　山田錦』や『特選　本醸造』が最適です。生酛造りの『山田錦の里　実楽』の出番でもあります。なお、あとで触れますが、一〇月一日は「日本酒の日」に制定されています。

立冬――鍋と燗の日

秋も深まり、冬の季節になってくると、お酒をしみじみ味わいたくなります。四タイプでいうと醇酒や熟酒の出番です。

しかし、冬場はなんといっても燗酒という向きには、燗をすることによってさらにうまくなる酒、燗上がりする酒がおすすめです。沢の鶴でいえば、『上撰　本醸造辛口』『純米酒　山田錦』『山田錦の里　実楽』などが面白いし、『米だけの酒　旨みそのまま10・5』を熱めに燗をするのもいいでしょう。

立冬は、新暦でいうと、だいたい一一月の初旬であることが多いのですが、「日本酒がうまい！」推進委員会※が、この日を「鍋と燗の日」と定めました（238頁）。鍋をつつきながら味わい深い燗酒を飲めば、体ばかりでなく心まで温まってきます。

季節の行事に合わせて、四タイプのお酒を飲み比べてみるのも面白いので、沢の鶴のお酒を例に案を示しました。参考のため、次頁に図6を示しておきます。

人にはそれぞれ好みがありますが、季節の行事に合わせて相応しい酒を選ぶのもまた一興です。季節の行事だけでなく、家庭の行事、誕生日や結婚記念日、卒業式や成人式、友人を招いてのパーティーや還暦のお祝いなどにも、それぞれに相応しい日本酒を用意したいものです。

また日本には、旬の食材があります。その食材に合わせて日本酒を選ぶのも面白いものです。食前酒にはこれ、前菜にはこれ、メイン料理にはこれと、考えるだけで楽しいと思いますが、いかがでしょうか。

※「日本酒がうまい！」推進委員会……平成二三年（二〇一一）、京阪神の灘・伏見・伊丹の老舗酒造会社11社によって発足。日本酒のおいしさを再認識してもらうために活動。日本酒の飲み方や味わい方の提案や情報発信を行っている。

図6　沢の鶴商品の四タイプ分類

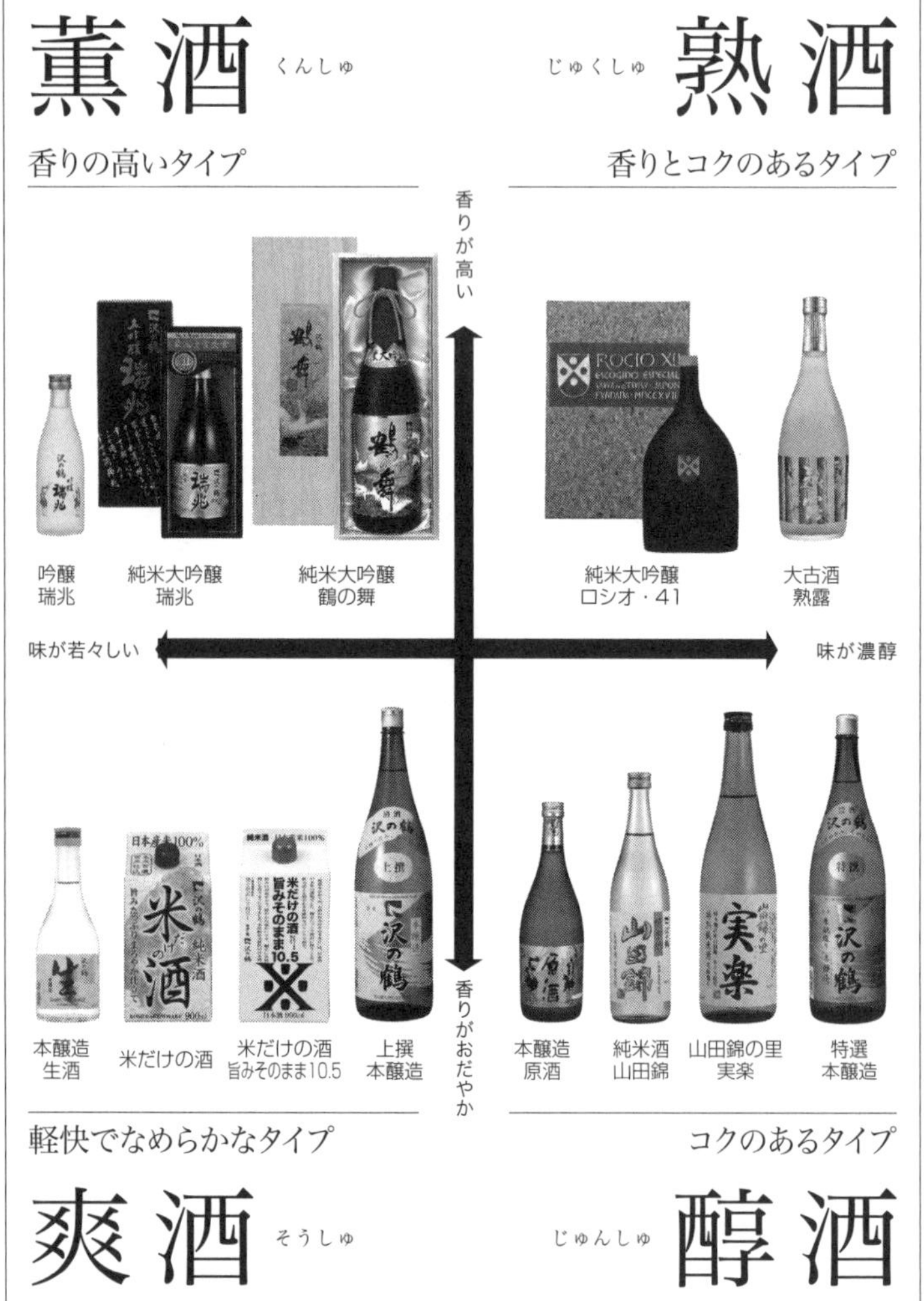
薫酒《くんしゅ》
香りの高いタイプ
熟酒《じゅくしゅ》
香りとコクのあるタイプ
香りが高い
吟醸
瑞兆
純米大吟醸
瑞兆
純米大吟醸
鶴の舞
純米大吟醸
ロシオ・41
大古酒
熟露
味が若々しい
味が濃醇
本醸造
生酒
米だけの酒
米だけの酒
旨みそのまま10.5
上撰
本醸造
香りがおだやか
本醸造
原酒
純米酒
山田錦
山田錦の里
実楽
特選
本醸造
軽快でなめらかなタイプ
爽酒《そうしゅ》
コクのあるタイプ
醇酒《じゅんしゅ》

第五章　日本酒の歴史と文化

大阪平野町の沢の鶴の店

明治時代の風俗。手前に鉄道馬車。正面蔵には※印が
山本松谷『新撰東京名所図絵』より

海上から見た1800年代の酒蔵

江戸時代の酒蔵

明治33年ごろの販売店（大阪市中央区平野町）

一　日本酒の歴史と謎

日本酒は日本民族の酒です。日本人が独特の感性と技術で育んできた酒、日本の豊かな自然の恵みを受け、長い歴史の中で紆余曲折を経ながら改良を重ねて到達したのが今日の日本酒です。日本酒が今日の形になるのには、長い歴史的期間を要したのですが、その中には、なぜこのような形になったのかが定かではない部分もあります。ここでは、その不確かなところ、謎といわれるところも含めて述べてみましょう。

まず第一の問題は、筆者の属する灘五郷《なだごごう》が、最も日本酒出荷量の多い地域であるのはなぜかということです。灘五郷の出荷量は現在でも他のどの地域よりも多く、そのシェアは日本全体の日本酒出荷量の三割に近い数字となっています。

なお、灘の酒を生産する酒造地帯を灘五郷と呼びますが、現在では西宮市の今津郷・西宮郷・それに神戸市の魚崎郷《うおさきごう》・御影郷《みかげごう》・西郷《にしごう》の五つの地域をいいます。筆者の属する沢の鶴は、灘五郷の最も西方、西郷で生産を続けています。

二　灘酒の特徴

灘酒の特徴は、第一に、宮水《みやみず》（180頁参照）の有効成分によって強く旺盛な発酵がみられるため、腰が強く、「はり」があり、コクがあって、しかも後味のスッキリしたキレのよい飲み飽きしない酒だということです。伏見のやわらかい「女酒」と対比して、「男酒」と呼ばれるゆえんです。

第二に、特有の香りをもつが強すぎず、また味の面では深みと軽さ（コクとキレ）を同時に併せもつということです。それゆえ、幅広い種類の料理との相性にすぐれています。灘酒のボディの大きさと深さは、さまざまな人々の多様なニーズにも的確に対応できます。

第三に、「秋晴れ（秋映え）」のする酒だということです。冬場に造った酒は、通常、春を過ぎ夏を越すと品質の劣化が始まりますが、灘酒は宮水という硬水を使用しているため、逆に品質が良くなるのです。秋になると一段と味が冴えてくることから、これを「秋晴れ」「秋映え」といいますが、灘酒のきわだった特徴です。長期の保存に耐えることから、現在では輸出に最も強い品質を有しているといえるでしょう。

良い酒を造るのは、良い米、良い水、良い腕の人々です。

播州平野は、昔から良質な米の産地でした。昭和の時代になって、この地より酒米の王様、山田錦が生み出されます。また、酒には米の精白度が重要です。江戸時代、他の地方では足踏みで八分から一割づきが標準だったときに、灘では水車を利用して一割五分づきが標準だったといいます。

次に、灘の地域では、六甲山系の良い水を利用することができました。江戸末期には宮水も発見されています。

さらに、優秀な酒造技術者、丹波杜氏の存在です。

これらが相まって、灘の酒は特上の品質の酒となりました。

「灘」という名称が初めて使用されたのは、正徳六年（一七一六）ですが、それ以前からこの地域で酒造りは行われていました。室町中期、一条兼良の『尺素往来』に「兵庫、西宮の旨酒」という表現が見られます。

慶長八年（一六〇三）、江戸幕府が開かれ、江戸の町が栄えるにつれ、上方から江戸への「下《くだ》り物」が多くなっていきます。その中心の一つが灘の「下り酒」でした。

元禄期（一七世紀後半）から享保期（一八世紀前半）にかけて、さらに酒蔵が増え、享保九年（一七二四）には灘で五五軒の蔵元が酒造りに携わっていました。とはいえ、当時の酒造りは、原料米について、主食との関係で生産数量制限を受けており、その造石高には制限がありました。しかしのちに幕府はその制限を解除して、「勝手造《かってづくり》」を命じます。そのため生産量は飛躍的に伸び、灘の蔵元数は一〇〇を超えるようになりました。江戸後期の文化・文政期には、灘酒の江戸におけるシェアは実に八割に達していました。現在の灘酒が、全国一を誇っているのは、この江戸時代における発展が基礎になっているのは疑いありません。

それでは灘の酒は、なぜ江戸時代にこのような発展を遂げられたのでしょうか。この要因に触れる前に、それ以前の日本酒の歴史について概観しましょう。

三　灘の酒前史

日本酒の発祥

日本人と酒についての最も古い記述は、三世紀の『三国志』（巻三〇）『魏志東夷伝』に「人性酒を嗜む」とあり、また喪に際しては、よそから来た人たちが歌舞飲酒をする風習があると書かれています。しかし、この酒がどのような種類の酒であったのかは定かではありません。

『古事記』には米を噛んで酒を造ったとあり、「口噛酒《くちかみのさけ》」が日本の酒の原型という説が有力です。酒を「醸《かも》す」というのは、酒を「噛《か》むす」に由来するといわれます。

「沢の鶴」の酒銘の由来となった伊勢神宮の別宮「伊雑宮《いざわのみや》」の縁起には――天照大神を伊勢にお祀《まつ》りしたとき、伊雑の沢でしきりに鳥の鳴く声が聞こえたので、倭姫命《やまとひめのみこと》がその鳴き声の主をたずねたところ、真っ白な鶴がたわわに実った稲穂をくわえながら、鳴いていた。「鳥ですら田を作って大神に神饌を奉るのか」と深く慈しんだ倭姫命は、その稲穂で乙姫に酒を醸させ、大神に奉った――とあります。

この縁起から、沢の鶴の酒銘が生まれるのですが、この乙姫の造った酒は「口噛酒」であったろうと推測されます。

和銅六年（七一三）に発せられた「撰上の詔《みことのり》」によりまとめられた『播磨国風土記』には、今日と同じ糀を使って酒を造ったという記述があります。これは米飯に生えた糀カビの働きを利用して酒を造ったものです。

日本で稲作がいつ始まったのかについては意見が分かれていますが、近年の遺跡の発掘により、縄文時代の後期には稲作が行われていたようだといわれています。

それでは米の酒はいつごろから造られるようになったのでしょうか。「口噛酒」あるいは「糀を使った酒」はいつごろ生み出されたのでしょうか。

「口噛酒」は、東アジア・東南アジア・中南米でも、相当古くから行われています。米だけではなく、もちあわや、とうもろこしなどの穀物からも造られています。しかし、噛んで酒を造るというのは、なんとなく奇異な感じがします。唾液の酵素を利用して酒を造るということですが、このような発想が、どこから出てきたのでしょう。またいつごろ、どの地域で始まったのでしょう。諸説ありますが、定かではありません。

次に「糀を使った酒」がいつごろから始まったのか、です。「糀を使った酒」が今日の日本酒につながっているのですから、この起源はより重要です。

糀菌（カビ）は、ご飯のように炊いたものよりも、蒸した米の方によく繁殖します。蒸した米の水分は、約37％程度、炊いた米の場合は65％程度、焼いた米は10％以下です。水分が多くても、あるいは少なくても糀はほとんど生えません。糀菌は水分38〜40％程度の蒸し米によく生えるのです。

日本では古来、米を蒸して食べていました。土器で作った甑《こしき》で蒸していたのです。古代の遺跡から甑が発掘されています。甑は土器ですから、炊飯すると割れてしまいます。米を炊くことができるようになったのは鉄製の鍋が作られるようになってからで、平安時代以降のことなのです。なお昔は、蒸したご飯を「強飯《こわいい》」、炊いたご飯を「姫飯《ひめいい》」といい、区別していました。今でも、もち米を「おこわ」というのは、強飯の名残りです。

というわけで、古来日本人は米を蒸して食べていたため、糀菌の働き、「米の酒」を認識することが容易であったと思われます。

日本人は、縄文時代から縄文土器を作っていたのですから、米の栽培が始まっていたとすれば、そのころすでに米を蒸して食べていた可能性があります。そうであれば、そのころに「米の酒」、日本酒の原型を作り出していたかもしれません。

もしそうなら、日本では「糀の酒」が相当古くから造られていたことになります。『播磨国風土記』は、八世紀前半にまとめられたものですが、「糀の酒」はどこまでさかのぼれるのでしょうか。

日本のこうじは、散こうじで、東アジア・モンスーン地帯のこうじ文化の中でも特異なものであること、またそのこうじ菌は日本独特の菌で、国菌にも認定されていることは第三章の93頁で述べました。

さてこの特異な日本の糀の酒は、大陸から伝わってきたものでしょうか（伝播説）。あるいは、日本で自然的に発祥したもの（自生説）なのでしょうか。実は糀（麹）の酒の発祥については、中国本土でも自生説と西方からの伝播説で学者間の意見が分かれているところですから、日本酒のルーツになる原型の酒の起源について、日本での自生説（独立発生説というべきか）は、はなはだ旗色が良くありません。

日本の文化や文明は、渡来的なもの、伝播的なものが多いという事情から、学者の発想もそのようになりがちですが、中には日本発祥のものがあってもおかしくはありません。特異な散こうじ、特殊な糀菌によって梅雨のある日本の気候風土の中で日本の酒が造り出された、しかも縄文時代に造り出されたと考えた方が面白いし、意味もあります。証明することは容易ではないでしょうが、その可能性を追求してほしいものです。しかしこれはまだ謎であり、またロマンでもあります。

朝廷の酒

飛鳥、奈良、平安時代になると、日本古来の酒造りの技術に加えて、大陸からも技術が伝わり、朝廷を中心に酒造りが盛んに行われるようになります。

平安時代の『延喜式』には、10種類ほどの酒の造り方が出ており、季節に応じて造る酒の種類を変えたりしています。また、酒の飲み方も、それぞれの用途、楽しみ方で工夫をしていたことがわかります。特筆すべきは、米糀だけでなく麦芽を使った酒もあったことです。また、氷室から運ばれた氷を入れた「水酒《みずざけ》」、いわばオン・ザ・ロックも、おそらく暑気払いとしてでしょう、飲まれていました。

酒屋の酒と寺社の酒

平安末期から鎌倉、室町時代にかけて、政府や寺社などの権力者が、特定の専業者を認定して酒造りの特権を与え、その代わりに酒の現物、またはそれに代わる税を取るという制度に移行していきます。交換経済の発展に伴い、商品としての酒も生産されるようになります。

この時代の醸造技術の発展はめざましいものです。一つ目は「南都諸白《なんともろはく》」の出現、二つ目は「火入れ（低温殺菌法）」の出現、そして三つ目には「大桶」の使用です。

まず、「南都諸白」について説明します。

日本人が古来、飯米として食べていたのは、玄米または臼と竪杵《たてきね》でついて精米したお米を蒸したものでした。

おそらく、米の酒が発祥した当時は、糀の生えた玄米で酒を造っていたのでしょう。糀菌は、栄養分が多い玄米の方に生えやすいからです。それが、たぶん平安朝になってから、精米した米も使うようになりました。糀の生えた玄米と精米した米（白米）とを使って仕込むようになったのです。この造り方を片白《かたはく》といいました。

ところが、片白の酒は雑味が多くなります。玄米の表面に近い部分には脂肪酸や雑味成分が多く、酒になると苦味や渋味が出やすいからです。

そこで登場したのが諸白です。精米した白い米で糀を造り、それと精米した米とを使って仕込んだことから、「諸白」といい、南都である奈良のお寺が発祥の地なので「南都諸白」というわけです。この奈良のお寺は、大乗院末寺の菩提山正暦寺《しょうりゃくじ》で、史料的には『多聞院日記』に記載されています。いわゆる僧坊酒です。しかしなぜ、南都から諸白の酒が起こったのでしょうか。不明です。

このころ、種糀屋が出現しており、いい糀、強い糀が生み出されているので、玄米と同じようにたぶん白米でも糀は充分に繁殖するようになっていたと思われます。しかし、誰がいつごろこんなことを思いつき、実行したのかは謎のままです。

「南都諸白」は信長や家康などにも称賛され、『多聞院日記』によれば「無比類トテ上一人ヨリ下万人称美」されて各地に広がっていきました。なお、このころ、足踏み式の精米用具も使用されるようになります。

次に「火入れ」の出現です。

「火入れ」というのは、お酒を低温で殺菌する方法です。フランスのルイ・パスツールが発明したとされているため、ワインや牛乳の低温殺菌法を「パストリゼーション」といいますが、それより三〇〇年ほども前に日本で発明されていたとは！　歴史書を書きかえる必要があります。
ともあれ、この「火入れ」がいつどこで発明されたのかも不明です。

第三に「大桶」の出現です。

酒の仕込み容器は、土器の壺から、容量の大きな（2～3石）陶器の甕《もたい》へと移っていましたが、室町時代になって、大型の木桶を作る技術が渡来人によってもたらされます。文献上の記録によれば、この時代に10石（1・8キロリットル）や16石（2・9キロリットル）の木桶が用いられています。諸白造りは大型化し、多量の生産が可能になりました。大桶の使用によって大量の仕込みが可能になっていたことも、次の時代の灘酒の発展に大いに関係しています。

四　灘の酒の興隆

灘の酒は江戸時代に急激な伸張をみせますが、新興のこの酒がなぜ日本一の酒となったのか。その要因を列挙しましょう。

米・水車精米

酒米は、酒質への影響はもとより、製造原価の大部分を占めていますから、良質の米をできるだけ低コストで確保することが重要です。

幸いにして灘の近くには、良質の米を生産する播磨や摂津が控えていました。さらに大阪に廻着する各地の領主米の中から、良質の米を選択して購入することもできました。兵庫の港を利用する海上輸送によって、大量に集中的に低コストで仕入れられるという地の利に恵まれていたのです。

このようにして得られた大量の米を精米するために、従来からの足踏み精米に代わって、灘では水車精米が大規模に採用されました。水車精米は労働生産性を著しく高めただけでなく、それまでには望めなかった高度な精米を可能にしました。15〜25%の米糠を除去した酒米も出現します。灘酒の品質は、宮水の使用と相まって、さらに向上していきました。

なお、酒米の王様「山田錦」の使用は昭和一一年（一九三六）以降のことですから、江戸時代の灘酒興隆には直接関係しません。しかしのちに山田錦を生み出す土壌や気候風土は、江戸時代の米にも影響を与えていたと考えられます。

水・宮水

米と並んで重要なのは仕込み水です。灘の宮水は全国的に有名ですが、それ以外の灘地域の井戸水も酒造りには良好な水でした。宮水が発見される以前から灘の酒の興隆が始まっていることが、このことを表しています。

天保五、六年（一八三四、五）ごろ、山邑太左衛門《やまむらたざえもん》は、西宮郷と魚崎郷で酒造りをしていましたが、西宮郷で造った酒の方が魚崎郷のものより品質がすぐれていることに気づきました。そこで同一の原料米で両郷の酒蔵の杜氏を交代させて試醸した結果、やはり西宮の方が上位であることを確認しました。次いで、西宮で湧き出る井戸水を輸送して魚崎で試醸したところ、従来の西宮郷の酒と同品質のものを造ることができました。

これが「宮水」の発見です。

宮水の湧く場所は、西宮市の海岸から約1キロメートルのところにある浅井戸です(東西500メートル、南北500メートルの小地域)。今なおこんこんと湧き出て、灘の酒の品質を支えている宮水は、酒にとって有害な鉄分がきわめて少ない反面、発酵にとって有益なリン・カリウムなどの有効成分を多く含む、硬度の高い水です。宮水を使うことで強い発酵が可能となったため、それまで行われていた伊丹酒の伝統である濃厚な仕込み(米に対して水の割合が少ない)に代わって、水の割合を多くしても確実に発酵させることができるようになりました。

また、寒の時季の低い気温でも、醪がきわめて順調に発酵するので米が溶けやすくなり、酒の量も増えて、大量生産にも合致するようになりました。酒の品質は著しく改良され、キリッとしまって淡麗で飲みやすい灘の酒は人気となり、需要はさらに増大しました。

杉樽

日本酒需要が拡大(遠隔地である江戸への輸送など)したため、酒の運搬容器に大型化、安全性などが求められるようになりました。そこで壺や甕に代わって杉材を使った樽が使用されるようになります。

杉材の中でも吉野杉は質が良好で酒が漏れ出すこともなく、また樹脂含有量が少ないので酒質を害するおそれもなく、むしろ独特の香りが酒に風味を与えて人気がありました。幸い灘は吉野杉の入手が容易であったので、大いにこれを使用し、需要を高めていきました。

丹波杜氏の技

小規模な酒造りから、大きな酒蔵での酒造りへと発展するにつれて、さらに多くの専門的な酒造技術者が求められるようになります。日本酒の生産工程の特異性は、一般産業で労働者を雇用するのと異なり、季節的で、しかも醸造そのものの勘も要求されるため、ある程度の熟練者を必要とします。そこで灘の酒造家たちは、丹波（現在の篠山市・丹波市）の地に人を求めました。すでに池田・伊丹の酒造りで技を磨いていた丹波の杜氏たちは、その要請に応じました。厳しすぎるほどに規律正しく集団行動し、まじめで研究熱心な丹波杜氏は灘で大いに歓迎されます。丹波杜氏は、藩や地主の圧力を押し退けてその勢力を拡げつつ、酒造技術に改良を加え進歩させました。

この時期の酒造技術の発展としては、酒の製造期間を厳冬の時季を中心とする「寒造り」へと集中させたこと、発酵をスムーズにするために三回に分けて仕込みを行う「三段仕込み」の工夫を行ったこと、それに仕込み水の割合を多くした淡麗な酒の製造方法の確立などがあげられます。

気象

灘地域は標高900メートル余りの六甲山系を北に頂き、南に大阪内海を望む沿岸に位置しているため、気候は温和で変動もおだやかです。冬には北からの季節風（六甲おろし）が六甲山の冷気を蔵内に送り込み、適切な醸造環境が維持されます。夏には内海から適当な湿気が送られてきて、杉桶の中で熟成している酒に好影響を与えます。

海運

江戸ですべての物資の需要が大きくなるにつれて、大量輸送のできる帆船での海上輸送が盛んになっていきます。大阪には船問屋が次々と生まれ、彼らの持ち船は、その独特な構造から「菱《ひ》垣廻船《がきかいせん》」と呼ばれました。灘は海に臨んでいるので、酒の海上輸送においても有利でした。初期にはこの廻船によって他の商品とともに混送されていましたが、やがて酒輸送専用の廻船が誕生します。これを「樽廻船《たるかいせん》」と称しました。この廻船は、安全性にすぐれ、速度も速く、積載量も千石積にまで改良が重ねられました。こうして酒の海上輸送への信頼も高まり、江戸の酒問屋との取引も増大しました。

販売組織

大阪と江戸を結ぶ海上輸送を取り仕切っていた廻船問屋《かいせんどいや》は、強い権力を握り、荷主商人側の権利保護をないがしろにしました。難船をよそおって積荷を盗むようなこともあり、酒造家もしばしば被害にあいました。商品の仕入れや買い付けを行っていた一般問屋側の損害も多額にのぼったため、元禄七年（一六九四）、大阪と取引をしていた江戸の諸問屋が連合して「江戸十組問屋《えどとくみどいや》」を結成します。以後、菱垣廻船は完全に十組問屋の支配下に置かれることとなり、酒の横流しなどの不正は減少。確実に輸送できるようになり、取引の信用も高まりました。

しかし今度は、江戸十組問屋の権力が高まっていきます。そこで、メーカーである上方の酒造家たちは、江戸中期、連合して「摂泉十二郷組合《せっせんじゅうにごうくみあい》」を結成。江戸の酒問屋との交渉にあたります。この組合組織が、灘の発展の基礎的組織として重要な役割を果たしますが、その後、新興の灘郷と、その勢いを抑えようとする古くからの郷との間でたびたび争いが起こるようになり、明治初期、この十二郷組合は解散となります。

蔵元の気風

灘の酒造家（蔵元）は、商品経済の最も発展した時代の中で資本を蓄積してきた新興の人たちだったので、古い時代の考え方にとらわれることなく進取の気風を発揮しました。宮水の発見、精米技術の革新、寒造りの確立、樽廻船の活用、江戸問屋組織と対等に交渉できる組織の構築などは、その典型的な事柄です。

以上、灘酒発展の諸要因を述べてきましたが、これに尽きるものかどうか。ともあれ、江戸時代を通して灘の酒は、「灘の生一本《きいっぽん》」として評価され、大きな発展を遂げたことは間違いありません。

五 江戸文化と日本酒

民俗学者で「旅の文化研究所」所長の神崎宣武《かんざきのりたけ》先生からうかがった話です。

「日本の農業は、稲作中心の夏型農業でした。そうした中で、農閑期に農民が蔵人《くらびと》となって働くわけです。たとえば酒造りも寒造りですね。

大名の参勤交代も年賀式を目当てに動きますから、江戸行きは秋から冬にかけて行列を組むことになります。この大名行列の大半は、実は雇い入れなのです。城下や宿場に入る前に、近郊農家の二男、三男を雇い入れ、必要な人数を揃えるのです。年賀式が終わって帰る大名もいるから、行列人夫は往復で稼ぐことができたのです。

こうして農閑期の稼ぎが安定し、さらに元禄期に税制が変わることによっても余裕ができ、酒の消費が進むわけです。

だいたい灘の酒の八、九割は江戸向けと考えていいと思います。

参勤交代により、地方文化が江戸に持ち込まれて、ものすごい勢いで練られていく。もともと江戸文化などというものはなかったのです。さまざまな地方のいろいろな文化が混ざり合い、江戸前という別のものが作られた。つまり混血文化です。

醤油と酒は江戸で普及しました。灘の酒が醤油と関係していたのです。

吉野の杉樽に入れて運んだ酒の空き樽を江戸近辺の農村部で下取りしたのですが、そのいちばんの地が千葉の野田でした。酒樽は醤油樽として再利用され、江戸の町に醤油が大量に流通するようになります。当時、醤油は貴重なもので、『むらさき』と称され、ふんだんに使うことがご馳走でした。

灘の酒は、端的にいうと醤油を肴にして展開していく。江戸の人々は、醤油をなめながら灘の生一本を飲んでいた。酒と鮨は相性がいいですが、あれは、魚を食べながらというより、醤油をなめながら飲んでいたということなのです」

さすがに江戸文化にも精通された神崎先生です。

このようにして、灘の酒は江戸で揺るぎない地位を獲得していったのです。

六　蔵の話

酒造りの職人、集団の長を「杜氏《とじ》」と呼び（「とうじ」ともいう）、杜氏以下酒造りに携わる人々を蔵人と呼びます。

大型の木桶の出現によって、大きな規模での酒造りが可能となり、また厳冬の時季を中心とする「寒造り」へ集中させることも可能となりました。その結果、冬場の農閑期だけ働く出稼ぎ農民を、蔵人として採用することとなります。江戸時代以前、諸白造りで名を馳せていた池田・伊丹の造り酒屋でも、当時すでに酒造り専門の職人が雇われていたという記録があります。

江戸時代に入って「下り酒」として人気を博した灘の酒の需要は飛躍的に拡大し、年間1000石（約180キロリットル）を生産できる規模の「千石蔵」が出現することになります。大規模な生産は、酒造りの蔵の形態の変化、道具の刷新、そして蔵人の組織の確立を促しました。江戸時代の中期までに確立されたといわれる、蔵の職制と職務分担の内容を示してみましょう。

●杜氏＝蔵の最高責任者。酒造りだけでなく、蔵人の採用や編成についても任されていた。
●頭《かしら》＝蔵内の次席として杜氏を補佐。作業の指揮を行う。
●大師《だいし》（代司・衛門ともいう）＝糀造りの責任者。
以上の杜氏・頭・大師を蔵の三役といいます。
●酛廻り＝酛（酒母）製造の責任者。

●道具廻し＝諸道具洗い、整備の責任者。仕込み水や白米の運搬も行う。
●釜屋＝蒸米作業の責任者。
●上人《じょうびと》・中人《ちゅうびと》・下人《したびと》＝頭の指揮で蔵内の諸事を行う。
●室《むろ》の子＝糀製造の手伝いなど。
●飯屋《ままや》（飯焚《めしたき》ともいう）＝食事一切の世話。その他雑務、掃除。

この職制と職務分担は近年まで続いていましたが、昭和三〇年代（一九五五年ごろ）から、冬場だけでなく、四季を通じて酒が造られるようになると、四季醸造蔵が建設され、年間雇用された社員が醸造に携わるようになりました。農閑期だけの生産形態ではなくなったわけです。加えて、日本酒産業の低迷や蔵人希望者の減少などにより、さらに変化しつつあるのが現状です。

日本酒の醸造は複雑・微妙なものです。毎年、原料である米の出来栄えも違い、気候条件も異なるのですから、その中で良い酒を造るのは容易ではありません。

沢の鶴の歴代杜氏はいいます。

「お酒は、半分は神様に手伝ってもらって造っています。ですから朝はいちばんに蔵の神棚にお参りしています」

沢の鶴では秋の蔵入りの前に、醸造祈願のため京都の「松尾大社」にお参りします。全国には四〇以上の日本酒に関する神社がありますが、灘の蔵元は昔から松尾大社にお参りしているのです。酒神、大山咋神《おおやまくいのかみ》をお祀りしていること、「亀の井」といわれる湧き水があることなどによるのでしょう。そして、酒造りの終わった春にもお礼参りとして松尾大社に参拝します。

沢の鶴ではそれ以外に、新年に「沢の鶴」の酒銘のもととなった伊勢の「伊雑宮」と「伊勢神宮」に参拝します。それに加えて、火伏せの神様である京都の「愛宕山《あたごさん》」にもお参りしています。火事は昔も今も、最も警戒すべき災害です。

それに加えて二月の初午の時期に、「稲荷祭り」を行っています。沢の鶴本社内にある二ヶ所のお稲荷さんと本社屋上にある拝殿に、蔵人も含め全従業員が参拝します。我々の理解では、お稲荷さんは地《ぢ》の神様であり、いわゆるパワー・スポットです。

沢の鶴は、八百萬《やおよろず》の神々とともにお酒造りに励んでいるということです。

七　沢の鶴資料館と大震災

江戸時代、灘の酒は江戸への「下り酒」として人気を博したため、当時としては最も大規模な酒蔵、「千石蔵」が灘に出現したと述べましたが、この千石蔵の様式をもった酒蔵二棟が、沢の鶴には残存していました。そこで、昭和五三年（一九七八）、全国で初めて無料公開の酒蔵資料館「昔の酒蔵・沢の鶴資料館」を作りました。

これは、先人の智恵の結晶ともいえる酒蔵と酒造り用具の展示によって、酒造りの文化を広め、後世に伝えたいという強い願いから作ったものです。

江戸時代末期に建てられた木造の蔵の中に、酒造りの工程に従って道具を並べ、使い方や名称をわかりやすく書いて展示しました。展示方法などについては、後に姫路の兵庫県立歴史博物館の館長になられた和田邦平先生のご指導を受けました。資料館オープンの際には、「よくできたな」とほめていただき、嬉しく思いました。

資料館は、完成してすぐ、昭和五五年（一九八〇）に、兵庫県から「重要有形民俗文化財」の指定を受けることができました。新聞に何度も取りあげられ、神戸市が神戸の観光コースに指定してバスを回してくれたこともあって、開館から二年しか経っていないのに来館者数が累計10万人を超え、さらにその二年後には20万人を突破します。当時は他に公開されている酒蔵資料館がなかったので、来館者数は順調に伸びていきました。

ところが平成七年（一九九五）、阪神・淡路大震災が起こります。沢の鶴の木造七蔵、二十数棟すべてが全壊、沢の鶴資料館も瓦礫《がれき》と化しました。まことに「無残と言うも愚かなり」という状況でした。

震災の被害は大きかったのですが、全社一丸となって復旧・復興に取り組み、数年で再建を果たすことができました。

沢の鶴資料館も、重要有形民俗文化財の指定を受けていたこともあり、兵庫県と神戸市の支援を受けて再建に取り組むことになります。

このとき、二つの発見がありました。

一つは、倒壊した酒蔵の柱の部材に「天保十亥歳　四月十四日改　細工人　五社□□　小野定二郎」と判読される墨書が見つかったことです。五社（現神戸市北区）在住の、おそらくは大工の棟梁である小野定二郎が、天保一〇年（一八三九）に改築したとの墨書を残していたのです。おそらく、この千石蔵の出来栄えによほど自信があったのでしょう。この墨書からすれば沢の鶴資料館の酒蔵は、幕末には建造されており、一七〇年以上の歳月を経てきたことになります。

二つには、資料館再建にむけての神戸市の発掘調査で、全国でも珍しい半地下構造の槽場《ふなば》が出てきたことです。槽場とは醪を搾る作業場です。この槽場は、現在、見学できるようにしつらえてあります。

全壊した沢の鶴資料館の再建の際、重要有形民俗文化財の指定を維持するための条件が課せられました。もとのままの酒蔵とすること、旧部材を50%以上使用すること、そして阪神・淡路大震災と同程度の地震があっても倒壊しないようにすることなどです。これらの条件をすべてクリアーし、とくに木造の建物には珍しい免震構造を施して、震災から四年後、平成一一年（一九九九）三月に新しい資料館が完成しました。

いろいろ苦労もありました。そのときの一句。

「酒蔵は　花にふたたび　賑わいて」

沢の鶴資料館は、兵庫県指定の重要有形民俗文化財として、また、日本初の公開の酒蔵資料館として、今も神戸の観光名所となっています。

八　酒造り唄

酒造り唄は作業歌です。長く単調な作業を続けるため、唄に合わせて作業をしたのです。また、時計のなかった時代ですから、各工程の作業時間をこの唄のうたい方、終わり方で調整しました。唄の要所や最後の部分は頭が音頭をとったといいます。

酒造り唄がいつごろ、どこで始まったかは定かではありません。ただ、灘の酒の興隆する以前から、池田や伊丹などでもうたわれていたようです。灘で酒造りが盛んになっていく元禄のころから、灘の酒造り唄として形を整えていったのかもしれません。

作業工程に合わせて7種の唄があります。

①秋洗い唄　②酛摺《もとす》り唄　③酛掻《もとか》き唄　④風呂上がり唄（前唄）⑤三本櫂《さんぼんがい》（風呂上がり唄・後唄《あと》）⑥朝の謡物（留仕込荒櫂《とめじこみあらがい》）⑦仕舞《しまい》唄

第二次世界大戦後、とくに昭和三〇年代以降、酒蔵も近代化、合理化、機械化が進み、作業の形も変化して、作業に合わせて酒造り唄をうたうことはなくなっていきました。今うたわれるの

倒壊前の資料館

倒壊前の乾蔵

震災前の河原蔵

発掘調査で出てきた半地下構造の槽場

倒壊した酒蔵の柱の部材から見つかった墨書

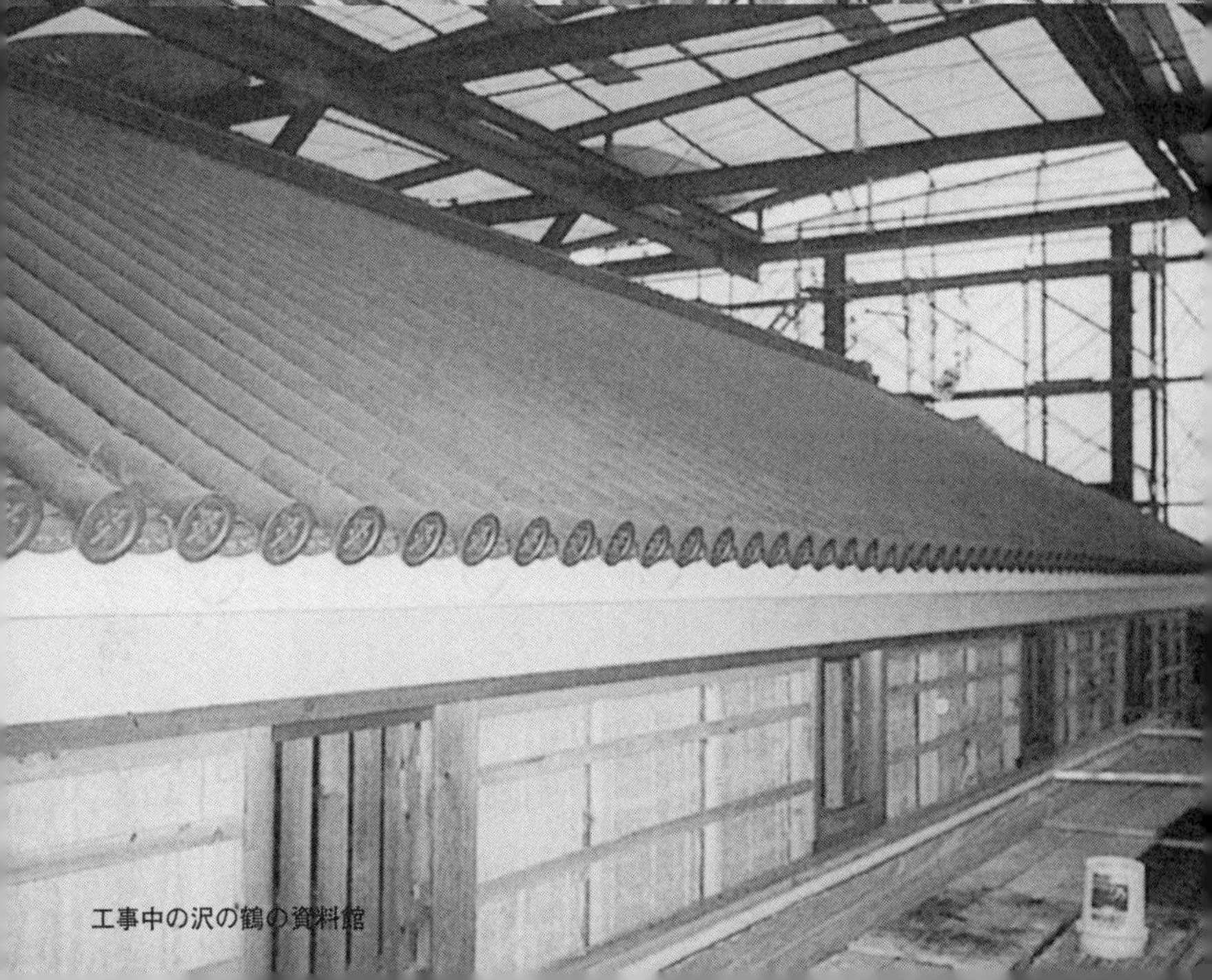
工事中の沢の鶴の資料館

再建なった沢の鶴資料館

は、蔵入りや節目のお祝いのときなどです。長い作業のために作られた唄ですから、当然歌詞も長いのですが、お祝いのときには省略してうたわれます。

目出度《めでた》目出度の　若松様よ　枝が栄えて　葉もしげる
枝が栄えて　お庭がくらい　暗きゃおろしゃれ　一の枝
目出度目出度が　重なるときは　鶴がご門に　巣をかける
鶴がご門に　巣をかけますりゃ　亀がお庭で　舞をまう
亀がお庭で　何と言うて遊ぶ　酒屋ご繁盛と　言うて遊ぶ

これが、よくうたわれる「酛摺り唄」の出だしの部分です。酒造り唄は、七七七五調で覚えやすく、またうたいやすい節回しになっています。本来が作業歌なので、杜氏や蔵人がうたうと思いがこもっていて、なんともいえない味があります。

沢の鶴では、「酒造り唄」を継承していくため、一〇年ほど前から「沢の鶴酒造り唄研究会」を発足させ、杜氏、蔵人の指導を受けながら練習を続けてきました。今では地域の催しで舞台に立つことも多くなり、唄にも味わいが出てきたようです。

酒造り唄を継承することによって、丹波流の酒造りの心を今後も伝え続けてくれるものと思います。

九　日本酒の霊力

ふたたび民俗学者の神崎宣武先生のお話です。

「お祭りとか節句の行事にはエネルギーの再生を図る料理がつきものです。その再生にいちばん重要なのが酒です。酒の語源はいろいろありますが、『さ庭』の『さ』のごとく斎《い》み浄められたもの、それに『御饌《みけ》』の『け』を加えたものです。つまり、酒は食べ物の中で最も浄められたもの。すなわち命を再生する霊力があるということです。豆も五穀のひとつで霊力があるとされていますので、節分の豆まきは邪気を払いますが、なぜ豆かというと、最も霊力があるのは米なのですが、米は投げたら拾うのが大変だからです」

五穀とは、米・麦・あわ・きび・豆のことで、古来より日本人の主たる食料でした。「五穀豊穣」を祈願するお祭りは今でも行われています。

五穀の中では「米」が最も重要であり、「稲魂《いなだま》」が宿るといわれ、霊力があるとされてきました。「豆」にも霊力があり、あとで拾って食べて「おかげ」をいただくのに都合が良いということで、節分では米粒ではなく豆をまき、「鬼は外、福は内」と唱えます。

さて酒は、霊力の強い「米」から造るものであるうえに、神のチカラを得て造り出してきたものです。

今でも杜氏は「半分は神様のチカラです」といいます。毎日、神棚の水をかえ、ご飯を供え参拝するのは、心からそう信じているからで、感性の鋭い杜氏は酒造りの中で神のチカラを実感しているのでしょう。

原料の米にチカラがあり、神様のチカラを得て、杜氏がチカラを出して造る「酒」に、チカラがあるのは当然といえるかもしれません。

第三章の113頁以下ですでに述べましたが、日本酒は、医科学的にみても、統計（疫学）的にみても、人体に良い効果のあるものです。また、酔った状態になると、ほとんどの場合、気分が良くなり解放感が生まれます。そして、違った発想やヒラメキが生まれることもあります。お酒は神様が造られたもの、あるいは半分は神様の助けによって造られるものと考えるのも、当然かもしれません。


しかし、日本人が、酒の霊力を感じてきたのは、もうすこし深いところにその理由がありそうです。

日本人は宗教心がうすいといわれます。たしかに世界の人々と比べると、体系的な教義を信じている人は少ないように思われます。とくに知識人とか文化人とかいわれる人々が、神の存在や霊的なものを信じることは少ないようです。これは、明治政府の推し進めた「廃仏毀釈《はいぶつきしゃく》」の影響なのでしょうか。一説によれば、徳川幕府の採用した「儒教」も廃仏論であり、仏教の彼岸については虚妄であると強調し、神仏の存在を否定したといいます。

しかし、一般の人々の間では、民間信仰としてさまざまな行事が古くから存続しています。神社への「初詣で」は盛んであり、仏式の葬儀も続いています。「占い」は若い人にも人気があります。日本人は、柔らかな信仰心はもち続けているようです。

科学的に物事を追究することと、宗教心・信仰心・霊的なものに対する意識は矛盾するのでしょうか。実際、神仏の存在しないこと、霊的なものの存在しないことを証明することは可能なのでしょうか。これを証明するのは容易ではないように思われます。

他方、霊的なものの存在を証明することも容易ではありません。個人の体験として語られ、書かれたものは存在します。しかしそれが真実といえるのかどうか。

霊的なものの存在を確信する人は、多くの場合、自分も不思議な体験をした人のようです。杜氏が神仏を信仰するのも、それまでの人生の中で不思議な経験をしたことがあるからだといいます。夢枕に立った人が亡くなっていた。望んだことや願いごとが不思議と叶う。危険や厄災にあわずにすんでいるのは、何かに守られているからだろう。杜氏から、そういう話をよく聞きました。醪と話をするという杜氏は、もともと霊感が強いのかもしれません。

先に述べたように、昔は米の霊力を信じ、神様にお供えをし、「直会」においては「神人共食《しんじんきょうしょく》」

といって、神様と共にお酒を飲みました。

現在はどうでしょう。

現在は、日本酒以外のアルコール飲料を飲む機会も多く、とくに酒に霊的なものを感じることはほとんどないというべきでしょう。神社のお祭りで御神酒をいただくときに多少意識する程度でしょうか。あるいは、新年のお屠蘇をいただくとき、どこか神々しい気分になることもあるというぐらいでしょうか。

乾杯をする際、多くの人は「……を祈念して」といいます。誰に祈念しているのでしょうか。

この「祈念して」いる相手方は、よく考えると、神仏か「人智の及ばざる者」以外にはありえません。ということは、私たちは乾杯のときに何か霊的なものを感じているということです。人によっては「わざわざ意識して乾杯しているわけではない」という人もいるでしょう。しかし、乾杯の形は自然にそうなっているのです。

実は、「祈念して」がいつどこで始まったのかは定かではありません。にもかかわらず、日本人は乾杯の際、祈念するのです。この乾杯については、第七章で詳述しますが、知らず知らずのうちに、日本人は日本酒の霊力を感じているのではないでしょうか。

ともあれ、古来、芸術家や文化人は、酒の不可思議な魅力にひかれて、酒を飲んできました。人生が酒とともにあった人も多いでしょう。

神楽から、能・狂言・歌舞伎・田舎芝居まで、そして講談・落語や文学・大衆小説、はたまた詩・和歌・俳句・川柳・演歌・流行歌まで、酒に関するもの、関わるものは無数にあります。まさに人生とともに酒はあります。むしろ、人生の味がわかるにつれて、酒の味もわかるようになるものなのでしょう。

酒、日本酒は、いろいろにいわれようと、全体としてみれば不思議な飲み物であり、魅力ある存在であり、霊的な力のある存在といえるのではないでしょうか。

一〇　根っこは地酒

地酒とは何か。

明確な定義はないようですが、その土地土地に特有の酒というほどの意味であろうとされています。

一説によると、江戸時代、灘の酒など、江戸へ下った「下り酒」として扱われなかった「地廻りの酒」、江戸へほとんど入荷せず、各地方、各藩で消費された酒のことともされます。「地廻りの酒」が「地酒」になったというのです。この説も正しいかどうか定かではありません。

最近は、ナショナルブランドと地酒、あるいは、大手の酒と地酒、という構図で語られることが多いのですが、それも「下り酒」と「地廻りの酒（地酒）」という分け方から来ているのかもしれません。

それにしても、ナショナルブランドと地酒などという構図は妥当なのでしょうか。対立的に語られることは問題ではないでしょうか。

日本酒は、いうまでもなく、日本各地域の風土と歴史・伝統・文化の中から生まれた酒です。しかも、各蔵元の個性を色濃く反映した酒でもあります。

主食である米を主原料としており、税金を取る手段となっていることもあって、行政の指導や醸造試験所の技術指導があり、そのために各蔵元の酒の個性がうすめられてきたことは事実です。そうではあっても、日本酒は、日本全国ところによって、しかも蔵元によって大きく異なっています。それぞれ個性をもっています。

各地の特色を有した酒ですから、大手の酒であろうと、中小規模の蔵元の酒であろうと、日本酒の蔵元の酒は「地酒」というべきではないでしょうか。

つまり、日本酒の根っこは、すべて地酒なのです。

その地方特有の特徴を示し、その蔵特有の特徴をもっているがゆえに、日本酒はまことに多様で面白いのではないでしょうか。昔、「酒屋万流」といわれたのは、そのような事情を示すものでしょう。

ところが、根っこの「地酒」の意識を喪失し、自らの酒を、ただ「日本《にっぽん》の酒」、「ナショナルブランド」などという蔵元もあります。これは正しいのでしょうか。豊かな個性を有しているがゆえに、地域の人々（特殊）に支持され、そして全国的（普遍）に支持されて「日本酒」となり、さらに全世界的（普遍）に支持されて「世界酒」となるというのが、基本的構図ではないでしょうか。

個別――特殊――普遍という構図は昔も今も変わるものではありません。

個性を殺すもの、特殊を殺すものは、多様性を命とする民族酒にとっては警戒すべきものです。全国一律の品評会が明治以降たびたび行われてきましたが、それは、気をつけないと個性ある酒を殺し、多様性を殺し、少数の審査員が好む酒の方向へ誘導することになりかねません。現在も「独立行政法人酒類総合研究所」が、全国一律の新酒鑑評会を行い、金賞受賞酒を選定していますが、そのことによって各地の蔵元の個性ある酒、日本酒の多様性を失わせしめてはいないでしょうか。

そういう中で、その酒類総合研究所の新酒鑑評会において、数年前から、「香りの高いタイプ」と「香りのおだやかなタイプ」に区分して審査するようになったのは大きな前進です。第二章の「ハナ吟醸と味吟醸」（63頁）で述べたように、それ以前は金賞受賞の難しかった「香りのおだやかなタイプ」の味吟醸酒にも受賞の道が開かれたのです。料理との相性の面でみれば、味吟醸酒の方が相性が良い場合が多いので、これは妥当な措置といえるでしょう。

ともあれ、「地酒」の意識をもたず、いわば「無地域性」「無国籍」の酒を造ろうなどという発想はやめた方がいいのではないでしょうか。

沢の鶴は、「灘の地酒」として、地域の風土・歴史・伝統・文化を大切にし、蔵の個性を大切にしながら、その時代の嗜好に配慮した日本酒を造り続けたいと思います。

第六章　国酒・日本酒の真相

一　日本酒は国酒か？

「国酒」とは何か。国酒とは日本国民の酒です。つまり、日本国及び日本国民の歴史と伝統を担った酒ということです。「国技といえば大相撲」ほどには普及していないかもしれませんが、歴史と伝統を考えれば、日本酒が国酒であることに異論を唱える人はいないでしょう。

日本酒が国酒として認識され、酒類業界などで普及するキッカケとなったのは、昭和五五年（一九八〇）一月に、時の内閣総理大臣大平正芳氏が「國酒」と揮毫《きごう》した色紙を日本酒造組合中央会に贈呈したことによります。

同時期、閣議でも話し合われ、「日本酒は国酒である」「国の公式行事には日本酒を」ということが「閣議了解事項」となったのです。それ以降、歴代総理大臣は全員、就任後「國酒」と記した色紙を日本酒造組合中央会に贈呈しています。それぞれ個性的で、味わいのある書です。

平成二四年（二〇一二）になって、政府は「ＥＮＪＯＹ　ＪＡＰＡＮＥＳＥ　ＫＯＫＵＳＨＵ（國酒を楽しもう）」プロジェクトを立ちあげました。ここでの國酒は、日本酒と焼酎になっています。それはそれとして、日本酒が国酒であるということがアピールされたことは意味深いことです。

二　低迷する日本酒

明治一七年（一八八四）の日本酒の課税石数は、317万石であり、全アルコール飲料の中で97・8％を占めていました。そのころは、他の酒類、焼酎もビールもほとんど飲まれていませんでした。

昭和に入ると、第二次世界大戦前からビールの製造数量などが増加し始め、日本酒はシェアの低下を余儀なくされます。昭和五年（一九三〇）には、シェア72・1％。昭和二〇年（一九四五）には、食糧不足の関係で主原料である米の使用が制限されたこともあって、シェア50・9％となっています。

戦後の混乱がほぼ収まった昭和二五年（一九五〇）には、アルコール全体の中での日本酒のシェアは29・4％でしたが、昭和三五年（一九六〇）には34・4％、昭和四五年（一九七〇）には31・6％まで回復しています。

そして昭和四八年（一九七三）には、日本酒は972万8000石と、有史以来最大の出荷量を記録することとなりました。しかしシェアとしては、29・2％に後退しています。ビールやワインなども数量を伸ばしたからです。

それでもこの当時、日本酒の伸びには勢いがありました。そのため日本酒は増税の標的となり、税が取りやすかったこともあって、その後の一〇年間になんと四回もの増税が行われたのです。

これによって日本酒は停滞期に入ります。気勢を削がれたのでしょう。

昭和五五年（一九八〇）には、シェア21・6％、平成元年（一九八九）より導入された級別廃止と小売免許自由化の影響もあって、平成二年（一九九〇）には15・3％、平成一二年（二〇〇〇）には10・0％と落ちていきます。

そして、平成二三年度（二〇一一）になると、日本酒の課税数量は334万3000石、シェアは、6・7％まで下がりました。

およそ、民族酒・国酒といわれるもので、自国でこれほど低いシェアしかないお酒はほかにありません。

各国の民族酒のシェアを入手することは容易ではありませんが、入手できた二〇〇三年（平成一五）のデータによると、フランスのワインは54・0％、イタリアのワインは60・4％、ドイツのビールでは80・4％ものシェアになっています。国民の文化的気風や法制度などの違いはあるにしても、日本の状況（二〇〇三年のシェアは8・8％！）はひどすぎるのではないでしょうか。

今もなお日本酒は低迷状態にあり、アルコール飲料の中でのシェアは驚くほど低いものです。この状態でも、なお日本酒は国酒といえるのでしょうか。

日本酒は、国際的にみて、他国の民族酒とは異なり、なぜこのように低迷を続けているのでしょうか。

三　日本酒低迷の諸要因

日本酒が、アルコール飲料の中でシェア6・7%にすぎないという ひどい低迷状態にあるということが、実は、日本酒最大の謎であるかもしれません。これまで、この問題については断片的に語られるのみで、まとまった形で整理された記述はないようです。

ここでは、日本酒低迷について考えられる諸要因を指摘しつつ、真の要因（真因）を明らかにしたいと思います。

三倍増醸酒と桶買い

すでにアルコール添加のところで述べたように、第二次世界大戦の末期、米不足、酒不足に対応して、「三倍増醸法」の技術が開発され、試験醸造を経て、昭和二七年（一九五二）から全国的に実施されることになりました。これによって原料米の節減、製造原価の引き下げがもたらされます。三倍増醸といっても、当時の酒としては、酒質は相当のレベルであったことから、三倍増醸酒、いわゆる三増酒は急激な勢いで普及することになりました。

しかし、これもすでに述べたことですが、この技術を使った酒は、米由来のアルコールがほぼ三分の一程度しか入っておらず、ほとんどが添加アルコールです。これでは、清酒（日本酒）とはいい難いでしょう。にもかかわらず、「三倍増醸酒」は「革命的技術」として存続し、これが廃止されたのはやっと平成一八年（二〇〇六）になってからでした。

もうひとつ、「桶買い」の問題があります。

昭和三〇年代後半（一九六〇年ごろ）から昭和四〇年代（一九六五年ごろ）にかけて、日本酒の需要が大幅に拡大。とくに灘・伏見の大手の酒は、テレビコマーシャルの効果もあって、急激な伸びを示します。自社で造った酒だけでは不足するようになった大手の蔵元は、地方の蔵元の酒を購入し、自社の酒とブレンドして、自社の酒として出荷するようになります。これを「桶買い」といいます。

実は、このような「桶買い」は世界的に行われています。フランスワインについていえば、「ネゴシアン」というのは他の生産者からぶどうやワインを購入してブレンドを行い、自社のラベルで販売する業者のことです。他方、「シャトー」という表示のあるワインは、その生産者が自ら栽培したぶどうを使い、自社のシャトーで醸造したワインのことです。区分を明確にして販売しているのです。

しかし日本の場合、このあたりの表示があいまいでした。消費者視点でみて、表示を明確にするという配慮が欠けていたようです。桶買いの酒は品質を選んで購入していましたので、決して悪いものではなかったのですが、「桶買い」と聞いただけで、何か純粋ではないというマイナスイメージをもった消費者もいました。「桶買い」批判が高まったあと、自社生産に切り換えた大手が多いので、現在では桶買いは少なくなっています。

ただ日本の場合、大手が桶買いをした酒の値段は、自社で醸造する酒の値段よりも相当に高いものでした。桶買いをした大手の蔵元と桶売りを行った地方の蔵元は、もちつもたれつの関係、相互利益の関係にあったのです。

昭和五〇年代（一九七五年ごろ）になって、高度成長の波が落ち着きだしたころ、地酒ブームが起こります。「三増」「桶買い」批判が盛んになったのは、このころでした。

お酒の評論家の人々が、厳しく強い調子で大手を批判し、中小の地酒擁護論を展開するようになったのです。実際の品質はさておき、大手の酒はブレンド中心の機械造りにすぎず、それに比べて地酒は手造りで素晴らしいとされたのです。

その当時、地方の蔵元は、そのころあまり生産されていなかった吟醸酒や純米酒に力を入れ、それを税金の安い二級酒として出荷していました。当時「無鑑査二級」という表示がはやりましたが、これは「級別審査を受けない酒」という意味です。級別審査では、品質が良好でないものは二級となりますが、審査に出さないものも二級と表示しなければなりません。審査を受けていないので二級と表示しているが、実際は良い酒、ということで「無鑑査二級」と表示したのです。安い税金しか払っていないので値段は安くなっていますが品質は良いものですよ、と呼びかけたのです。

これは明らかに級別課税制度に対する挑戦であり、厳密にいえば違法とされるべきものだったのでしょうが、役所からの規制はなく、そのまま放置されました。

同時期、「三増」「桶買い」批判が活発になったこともあって、「地酒」はすぐれた酒、灘・伏見の大手のナショナルブランドは「堕酒《だざけ》」というイメージが一部の人々に定着しました。大手の酒は当時50%程度のシェアをもっていましたから、このようなイメージは、日本酒全体のイメージダウンにつながりました。このことが、日本酒の低迷に拍車をかけたことは疑いないと思われます。

しかし、これだけが、日本酒低迷の重大な要因ともいえないようです。

このような状況の中でも、昭和五五年（一九八〇）の全アルコール飲料における日本酒のシェアはまだ21・9%あったからです。それを考えると、「三増」「桶買い」批判が、必ずしも低迷の重大な要因（真因）であったとはいい難いように思われます。

食生活の変化とアルコール飲料の多様化

伝統的な和食が転換し始めるのは、明治時代、文明開化のころに肉食が普及したことによるとされています。

しかし、一般の家庭の食事の変化は、そのずっとあとの昭和三〇年代後半（一九六〇年ごろ）、日本経済の高度成長が始まったころからだといわれています。日常の主食としては、米とイモ類が大幅に減少し、パンや麺類が急激に増えます。副食物でみると、肉・卵・乳製品などが増大します。肉・油脂欠乏型の伝統的な日本料理から、洋風料理・中国料理など、肉と油脂を多く消費する食生活へと急激に変化しました。

たしかに、食生活の変化が、アルコール飲料に影響を与えることは疑いありません。いくたびかのワインブームもその影響によるものでしょう。

日本酒はどんな料理にでも合う酒、肉類や油脂類にも合う酒といっても、イメージの問題がありますから、洋食にはワイン、中国料理には老酒という人は少なくありません。「とりあえずビール」という人もいます。若い人にはカクテルも人気があります。食生活の変化によってアルコール飲料の種類も多様になりました。このことが日本酒の低迷に影響を与えていることは、否定できません。

しかしながら、各国の国酒・民族酒のアルコール飲料の中でのシェアをみると、日本での日本酒のシェア、6・7%（平成二三年度）というのは、やはり異常に思えます。世界のどの国でも、日本ほど急激ではないにしても、その食生活はグローバル化して変化し、アルコール飲料も多様化しています。それでも、各国の国酒・民族酒は、国内で相当のシェアを維持しています。また、維持できるような諸施策が行われています。

国酒・民族酒といわれるものが、日本ほど急激にシェアを落としている国はありません。

食生活の変化だけが、これほどの日本酒の低迷をもたらした真因とはいえないのではないでしょうか。日本酒低迷の真の要因は他にあると考えざるを得ません。

原料米の問題

日本酒の原料である米の値段が高すぎるという人もいます。これは、国際的な米の価格との比較によってそういわれるのです。

日本酒に日本産の米を使うのは当然のことですから、日本産米が高いということは、蔵元にとって不利です。しかし、日本産の米の価格は、日本農業全体の問題と深く関わっていますから、簡単に解決できることではありません。それでも国酒・日本酒について、特別の原料米制度を創設できないかという声もあります。

日本酒の原料米価格が割高であることは事実であり、それが日本酒の低迷に影響を与えているといえないこともありません。ただ、それが低迷の真の要因ともいい難いのです。米の価格は、昔から、そして今も、国際的に比較すれば割高なのです。

日本酒のイメージと日本人の欧米志向

日本酒のイメージの低下が日本酒低迷の要因であるという人もいます。

日本酒の良いイメージとしては、和食に合う、おいしい（うまい）といわれますが、一時期はむしろ悪いイメージの方が強かったようです。

それは、次のようなものでした。
①アルコール度数が高いので、飲むと酔っぱらってしまう。
②日本酒はオシャレじゃない、カッコ良くない、おじさんくさい。
③燗酒の場合、お猪口で差しつ差されつの日本酒の作法は面倒くさい。
日本酒についての悪いイメージが意識されるようになるのは、昭和五〇年代前半（一九七五年ごろ）から、平成の初め（一九八九年ごろ）のようです。このころに意識されたイメージは、今日まだ残っているように思われます。

しかしながら、日本酒のイメージが、その当時と比べて今もなお低下し続けているとはいえないように思います。日本酒のイメージの低下によって日本酒が低迷し続けているとは考えられないのです。

むしろ、日本酒の悪いイメージについては、今日ではうすらいでいると考える方が妥当でしょう。
①アルコール度数が高いという問題については、「和らぎ水」をときどき飲むことによって酔いを和らげることができます。酔っぱらうことを防ぐことになり、酔いざめもスッキリします。
また、沢の鶴の新しい酒、『米だけの酒　旨みそのまま10・5』はアルコール度数10・5％のお酒ですから、ほろ酔いの良い気分を楽しむことができます。これについては239頁以下で述べます。

②日本酒がオシャレじゃないと感じるのはなぜでしょうか。

ひとつには、パッケージやラベルのデザインに、伝統的な和風のものが多いからかもしれません。欧米の色彩やデザインに慣れた目には、やや違和感のあるものと映るのかもしれません。しかし素直にみると、和風のものでも、オシャレなもの、粋なものはたくさんあります。日本酒に関わるデザインも、最近ではオシャレなものが増えているように思われます。

もうひとつは、酔っぱらいはカッコ悪いと思われていることです。日本酒は、酔っぱらいやすい、だからオシャレじゃないと思われているのです。実際に身の回りで、日本酒を飲んで見苦しいほどに酔っぱらう人、クダを巻くおじさんを目にした人もいるかもしれませんが、全体としてはこのような光景を目にすることは、少なくなっているようです。しかし、イメージは残っているのでしょう。

海外では「クール・ジャパン」といわれ、日本はオシャレでカッコいいとされています。和食とともに日本酒を飲むこともオシャレでカッコいいことなのです。日本国内でも、日本酒をオシャレにカッコ良く飲んでいる人は、たくさんいるのではないでしょうか。

③燗酒の差しつ差されつの作法については、そんなに堅苦しく考えないで、自然で合理的にふるまえばよいのです。一応の知識は必要でしょうから、151頁以下を参照してください。

以上のようなことを考えれば、日本酒のイメージが悪化し続けているわけではなく、それゆえ日本酒のイメージの低下によって日本酒の低迷がもたらされているとはいい切れないでしょう。しかし、日本酒の悪いイメージは残存していますし、日本酒の良い面は見過ごされています。なぜでしょうか。

これは、おそらく「日本人には、日本が足りない」ということではないでしょうか。明治維新、そして第二次世界大戦の敗戦を経験したからでしょうか。日本人には、欧米志向が根強くみられ、一般の人々は、欧米のものに魅力を感じるようになっています。

残念なことに、日本人の伝統文化である「日本酒」も、一般的には、魅力的なものとは映らないのです。「日本人には、日本が足りない」現状が、日本酒低迷の遠因であることは疑いありません。とはいえ、日本人に日本が足りなくなったのは、相当の期間になります。これが日本酒の低迷の真の要因とはいい難いのです。それでは、日本酒低迷の真の要因は何でしょうか。

低迷の真因は一つではありません。次に主なものを列挙してみましょう。

四　日本酒低迷の真因

税の道具?　国酒の不幸

アルコール飲料は税を負担させやすい物資です。特殊な要因のないかぎり、世界のどの国も課税対象として取り扱っています。しかし、日本ほど、国酒が税収の道具として扱われてきた国は少ないのではないでしょうか。

戦前でいえば、日清戦争、日露戦争の戦費調達のために、大幅な酒税増税がなされたことはよく知られています。第二次世界大戦中の昭和一八年（一九四三）には、酒類に級別が設けられましたが、これは級別によって品質の違いを明確にするということより、増税を行うことが主たる目的でした。

また、古来からの日本酒の伝統と離れて、第二次世界大戦中から戦後にかけて「合成清酒」を法的に認めたのも、日本酒醸造においてアルコール添加を推奨し、いわゆる「三倍増醸酒」の普及を推し進めたのも、米不足の時代に税収を増やすために大蔵省・国税庁がとった施策でした。

さらに前述しましたが、昭和五〇年代（一九七五年ごろ）には、一〇年間に四回もの増税が実施され、税収不足を補うためとはいえ、「取りやすいところから取る」という思想が明確に表れた事態となりました。度重なる増税で価格は値上がりし、日本酒は低滞の時期に入ったのです。まことに日本酒は大蔵省・国税庁の税収の道具として、時代の波に翻弄されてきたのです。

級別制度の廃止

多くの人がまだ覚えていると思いますが、日本の酒税法は、昭和一八年（一九四三）以降、級別課税制度を採用してきました。役所の責任で級別審査を行い、酒類を基本的に「特級」「一級」「二級」に品質区分し、特級には税金を高く、次いで一級、二級と段階的に引き下げて税金をかけることとしていたのです。これは、もともとは税収を上げるための施策でしたが、消費者にとっては品質を区分する基準として機能していました。

消費者は、贈答用には特級を、またハレの日には特級か一級をというふうに、区別して選択していたのです。

しかし、先に述べたように「無鑑査二級」という表示による級別制度の混乱に加え、スコッチウィスキーに関して、特級に認定され高い税金が課せられているとして、イギリスより強い批判を受けることとなります。結局、昭和六三年（一九八八）の税制改正により、翌年から段階的に「級別制度」は廃止されることとなりました。

消費者にとっては、酒の品質基準がなくなり、商品の選択がしにくい事態となったのです。日本酒に関していえば、級別制度廃止の際に、別のシステムとして特定名称酒制度（吟醸酒・純米酒・本醸造酒の規定）を導入しましたが、それから二〇年以上経過した現在も、この制度は充分には機能していません。平成二三年度（二〇一一年度）における特定名称酒の割合は26・7％にすぎず、ほぼ四分の三は普通酒といわれるもの、つまり、特定名称酒にあてはまらない酒です。これでは特定名称酒制度が品質の基準として機能しているとはいい難いのではないでしょうか。

一般の消費者にとっては、特定名称酒の制度はわかりにくいのです。特級、一級、二級という級別制度の方がはるかにわかりやすかったということです。

欧州には、酒類に関する強い規制があります。ワインに関しては、フランスでは「原産地統制呼称法（AOC）」、その他の諸国でもワイン法があり、ワインのシステムを形成しています。ビールも同様です。ドイツでは、一六世紀に定められた「ビール純粋令」が、今日でもドイツビールのシステムの基本を形成しています。

しかし日本には、酒類基本法はもちろん、日本酒基本法、ワイン法などもなく、いわば酒税法一本です。酒類に関しての法体系は、まことに片寄ったものになってしまっているのです。「級別」という緩やかなシステムすらも放棄してしまった現在は、国民的視野に立っても、消費者にとっても、品質基準の喪失といってもいい時代になっています。

このことを軽く考えるわけにはいきません。その後の日本酒業界の低迷をみれば、級別廃止の影響の大きさが理解できると思うのです。

今一度、消費者にとってわかりやすい品質表示基準を考えるべきではないでしょうか。これは今後の課題であると思われます。

免許自由化の衝撃と酒造メーカーの対応

世界のどの国をみても、酒類を自由に製造し販売できる国はありません。それは酒類の特異な性格によるものです。アルコールは人を快適にし、健康に寄与するところもありますが、他方飲みすぎると有害な面もあります。適量飲酒、適正飲酒がいわれるゆえんです。また、依存性・習慣性もあります。社会的に管理・規制する必要のある物資としての性格をもっているのです。さらに、嗜好品とみなされる性格上、税金を取りやすい物資でもあります。徴税のシステムに組み入れられているものだからこそ、免許を与え管理を確実なものとしているのです。

日本のシステム、諸制度は、第二次世界大戦後、大きな変化を遂げました。しかし、「平和」「民主主義」「自由」「平等」などの基本理念は充分に深められることなく、官僚中心の諸政策が実施され、さまざまな規制の網の中で戦後体制が築かれていきました。そして戦後五〇年を迎えたころ、バブル景気の崩壊過程の中で、戦後体制からの脱却が叫ばれるようになります。「規制緩和」「自由化」のスローガンは新鮮な響きをもち、「正義の御旗」のように迎えられたのです。

小売酒販免許の自由化は、この流れの中で平成元年（一九八九）以降実施されていきました。免許要件を緩和し、審査はあるものの、事実上申請すれば取得可能となったのです。これによって酒類業界に激変が起こりました。まず小売販売免許を幅広く与えたことで、従来の小売酒販店は競合により苦境に陥り、廃業に追いこまれるところが多数出ました。新しく免許を得たところは、全国チェーンのいわゆる量販店かディスカウントショップです。こうして、酒類のディスカウントが常態化することとなりました。その結果、小売酒販店だけでなく、酒類卸店（問屋）の淘汰も進行しました。地方の問屋は、大手の全国問屋の傘下に入るか、規模の縮小、ないしは廃業を余儀なくされたのです。そして、この流れは日本酒メーカーにも大きな変化を与えました。

かつては商人《あきんど》として道の思想（人間としてのあり方の基本）をもっていた日本酒の蔵元も、日本酒の本質、日本文化の結晶としての本質を忘れて、安売り競争に巻きこまれていきます。国酒としての誇り、日本文化の結晶としての誇りをほとんどの蔵元は忘れ去ったのでした。

悲惨であったのは、この流れに巻きこまれた中小メーカーでした。大手メーカーには安売りのできる体力と機械設備があり、仕入れ値段には量のメリットが行使できます。しかし、安売りに巻きこまれた中小メーカーは没落し、廃業に追いこまれました。地方の中小メーカーで生き残れたのは、この流れに反逆し、量ばかりを追わず、品質を重視し、日本酒全体の中ではシェアの低い特定名称酒に特化し（平成二三年度で26・7％）、ブランドへの道を歩んだ蔵元です。

しかし安売りの常態化は、日本酒全体の消費量を減退させました。消費者に対して、商品の「信用」を失ったのです。

こうして、免許自由化の嵐は、日本酒業界に衝撃を与え、低迷へと導きました。

規制緩和と自由化が活力をもたらすことも事実ですが、すべての規制緩和、すべての自由化が善であるということはあり得ません。歴史や文化的特質を踏まえたうえで、物事を判断すべきことは当然です。規制緩和と自由化は、一体誰が、何のために唱えだしたのでしょうか。深く洞察し、研究すべき課題です。

第七章　日本から世界へ——羽ばたく日本酒

国酒・日本酒は、アルコール飲料全体の中で、シェア一割を切っており、なお厳しい状態にあります。

ただ、平成二三年度（二〇一一年度）の課税数量をみると、日本酒は、334万3000石で前年比100・1％となっており、平成七年度（一九九五年度）以来一六年ぶりにプラスとなりました。これは喜ばしいことです。しかしシェアは6・7％です。

平成二三年三月一一日の東日本大震災は、日本酒業界にも大きな影響を与えましたが、東北地方の復興支援、蔵元支援の動きが高まり、消費者が東北の酒、日本酒を口にする機会が増えたことも、日本酒の下げ止まりに貢献したと思われます。

これで日本酒の需要が底打ちして、浮上に転じるのかどうか。そうあってほしいと望んでいるのですが、日本酒復活の道は容易ではありません。しかしながら、その可能性は大であると思っています。

この章では、日本酒復活にむけてのさまざまな動きについて述べてみましょう。

一　「日本酒で乾杯」運動

礼講と無礼講

日本文化の特徴の一つは「型」といわれます。柔道や剣道などの武道、能楽や歌舞伎などの芸能、茶道や華道などの伝統文化などなど。これら伝統的なものは、それぞれ型を大事にしています。大相撲でも四十八手という型があります。また大相撲で三役を維持し続けるには、自分の相撲の型をもつことが必要であるともいわれています。

さて、そのようにいろいろな分野で「型の文化」がみられますが、実は現在の宴会でも型は存在します。というより、昔からの伝統の型が継続しています。それは礼講と無礼講という型です。

カラオケは老若男女を問わず普及し、今や日本の文化として世界的にも認知されつつありますが、これは無礼講の伝統と大いに関係があると思います。カラオケは素人が(プロ級の人もいますが)、人々を前にしてうたうものです。かつて、無礼講の宴会では、一座の人々を前にしてうたったり踊ったりの演芸が、いつもあたりまえに行われていました。日本に無礼講の伝統がなければ、これほど急速にカラオケは普及しなかったでしょう。現にキリスト教圏では、讃美歌などを全員でうたう斉唱はあっても、素人が人々の面前で一人でうたうという伝統がないので(一人でうたうのはプロ)、カラオケが今ひとつ普及しにくいといわれていました。

さて、次に礼講についてです。礼講というのは、神様にお酒などを供え、お相伴してそのおかげをいただく酒宴(直会)のことです。

実は、現在の宴会・パーティーでも、この礼講、無礼講が区別して行われています。昔は礼講と無礼講は場所を変えて行われていましたが、現在は、簡略化されてそのままの場所で行われます。

すなわち、挨拶ののちの乾杯までが礼講、その後は無礼講ということになります。

「乾杯」と発声して飲む酒は、昔風にいえば直会の酒であり、神様と共にいただく酒ということになります。そして、その後に飲む酒は無礼講の酒なのです。

「乾杯」という言葉

「乾杯」という言葉は、中国語です。ですから、昔から中国人は「乾杯《カンペイ》」と発声してお酒(老酒など)を飲んでいたのではないか、それが日本に伝わったのではないかというふうに思われるかもしれません。しかしそれは正しくないようです。日本でも、江戸時代までは、お酒をいただくときに声を発することはありませんでした。声を出すのは不作法な行為だったのです。儒教が日本よりも浸透していたころの中国では、なおさらのこと。お酒を飲むときに声を発することはなかったようです。

それでは、いつごろから中国で乾杯と発声するようになったのでしょうか。今ひとつ定かではありませんが、戦後、中華人民共和国になってからではないかということです。

ところで、『大言海』や『日本国語大辞典』を見ると、平安時代の儀式書である『新儀式』に「乾杯」という言葉が記されている、とあります。ただそれは、「執杯(杯を執《と》る)」の誤記であろうということが明らかになったと、『乾杯の文化史』(神崎宣武編/ドメス出版)の中で、今関敏子先生がおっしゃっています。つまり日本では、江戸時代まで、乾杯という言葉が使われていた形跡は発見されていないのです。

これまで乾杯についての本格的な研究はなく、乾杯の起源や経緯については定かではありませんでした。そこで民俗学者の神崎宣武先生を中心に、気鋭の諸先生方の協力を得て、平成一七年（二〇〇五）五月に「乾杯の文化史研究会」を立ちあげ、平成一九年（二〇〇七）一〇月には『乾杯の文化史』を発刊していただきました。

この研究によって明らかになったのは、実に驚くべきことでした。

①酒礼あるいは礼講といわれる飲酒の作法・儀礼は、古くから存在してはいましたが、少なくとも明治時代の中期までは、何らかの発声をしてお酒を飲む習慣はありませんでした。

②盃を飲みほす際に発声するようになったのは、イギリス海軍の影響であると推測され、当初は「万歳」と発声したとのことです。明治時代末から大正時代の初めごろに「乾杯」と発声して盃を飲みほす形が現れ、一般化していったと推定されます。

③酒礼・礼講の流れの中に乾杯の作法がありますが、そのことを表すキーワードは「……を祈念して」という言葉です。なぜ、ほとんどの人が「乾杯」と発声する前に「……を祈念して」と前置きするのでしょうか。

昔でしたら、酒礼・礼講というかぎりは、祈念する相手方は神様か仏様かご先祖様ということになり、現代風にいえば、「人智を超えた存在」ということになるでしょう。「乾杯」は「神様の存在」を前提としていたのです。日本の地で、日本人が乾杯を行うかぎり、「日本の神様」

に祈らざるを得ないのですから、「日本酒」で乾杯するのは至極当然のことではないでしょうか。

④飲酒の際に、神の存在を前提として感謝の念を捧げるのは、モンゴル、台湾の一部部族、ブラジル、そしてアンデスの人々ぐらいであるといいます。しかも祈りの内容（ご多幸とか健康など）を明言するのは、日本人しかいないようです。

「日本酒で乾杯」という言葉の中には、実に日本人の真髄、日本人の祈りのこころ、即ち日本文化が息づいているのです。

ここに面白い事実があります。

神社関係で乾杯する場合には、「弥栄《いやさか》」と発声していることです。この言葉は祝詞《のりと》から採られたものでしょうが、いつごろからそうなったのかは定かではありません。またボーイスカウト日本連盟の祝声（他者を祝賀・賞賛する際や、再会を約して別れる折などに唱和する掛け声）も、「弥栄」となっているといいます。

弥栄は「ますます栄えますように」ということなので、乾杯にはふさわしい言葉といえるかもしれません。現に乾杯の発声を「弥栄」で行っている集まりもあります。

「弥栄」と声を発するのも素敵なことのように思われますが、聞き慣れない人も多いかもしれません。

乾杯の酒

さて、乾杯の酒についてですが、皇室の正式な晩餐会では現在でもフランス料理が供され、乾杯はシャンパンで行われています。明治時代の後半、一九〇〇年ごろからこのような型ができたそうです。当時は文化的後進国としてそうする必要があったのかもしれません。しかし、それから一〇〇年が経過しているのです。

他方、政府や公的機関の乾杯では、「とりあえずビール」となっている場合が多いようです。日本人が日本の地で乾杯するのは、やはり日本酒であってほしいと思います。国際的な見地からしてもそれが自然なことですし、今や日本人のアイデンティティがより大切になっている時代です。日本人が育んできた日本の「国酒」で乾杯するのは、当然のように思われます。

まして礼講を表す乾杯なのですから、日本的な型として乾杯のお酒は日本酒であってほしいと思います。とりわけ、皇室・政府・自治体・公的機関では、日本酒で乾杯することは義務であるといっても過言ではないでしょう。

日本酒で乾杯推進会議

日本人なら、乾杯する際には、シャンパンやビールではなく「日本酒」で乾杯してほしい。この業界に入った当初から、私には強い思いがありました。そのためには、「日本酒で乾杯」の運動を国民的規模でやるべきではないか。この運動は、単に日本酒業界のためだけでなく、良き日本文化の復活と継承、いわば日本文化のルネッサンスのために行うべきであると。

機会あるごとにこの話をしていましたが、平成一四年（二〇〇二）、筆者が日本酒造組合中央会の理事に就任することになり、理事会で考えを述べ、理事会での賛同を得て、平成一六年（二〇〇四）、「日本酒で乾杯推進会議」が発足することとなりました。平成二四年（二〇一二）五月現在で、会員数は3万人を突破し、次の目標、会員数5万人にむけて着実な歩みを続けています。まことに有難いことです。

この会議は、国立民族学博物館名誉教授の石毛直道先生を代表とし、また会議の中核となっている100人委員会には、学術・芸術・伝統産業・食文化・スポーツ界など、各界の有力な方々にご参加いただいています。

この会議のめざすものは、単に日本酒の復活のみではなく、日本文化の根枯れ現象に抗しての日本文化の復活、日本文化のルネッサンスです。

平成二四年から二五年にかけて、各地自治体で「乾杯条例」が制定されました。画期的な出来事です。京都市に続いて佐賀県県議会でも全会一致で成立しました。日本の文化と各地の酒を大切に、乾杯は日本酒で、というのが制定の理由です。

乾杯のこころとかたち

「日本酒で乾杯推進会議」は、発足以来五年間にわたり、「日本のかたち　日本のこころ」というテーマでフォーラムを行い「乾杯のかたち　乾杯のこころ」を探究しました。

その一応の結論は、以下の通りです。

・「祈念するこころ」こそが「乾杯のこころ」である。すなわち……

　心をこめて祈るこころ

　謙虚に敬うこころ

　感謝と思いやりのこころ

・「乾杯のかたち」は「乾杯のこころ」にふさわしい形としなければならない。

　「乾杯のこころ」を表すものなので、美しく品よく行うこと

　「乾杯のこころ」を表すものなので、杯を目線より上にすること

「日本酒で乾杯」運動は、各地での乾杯条例制定の動きもあって、大きな流れになりつつあります。日本文化の見直し、国酒・日本酒の復活の力になれば嬉しいと思います。

二　蔵元の共同行動の展開

和らぎ水のすすめ

１５４頁でも述べましたが、「和らぎ水」というのは、日本酒を飲みながら、ときどき飲む水のことです。口の中をサッパリとさせてお酒も料理も新鮮に味わうことができます。同時に、深酔いを避ける効果があります。健康に良いということです。いわば胃の中でお酒を「水割り」していることになります。水を少し飲んだ方が、口の中が爽快です。

この「和らぎ水」をすすめる運動は、一〇年ほど前から日本酒造組合中央会で共同の課題として取り組んでいます。

三〇年ほど前までは、日本酒を飲みながら水を飲むなどということは「水臭い！」といわれて怒られたものです。まさに隔世《かくせい》の感があります。

今では蔵元の人々が、折に触れて、「和らぎ水」をすすめているので、かなりの人が知るようになりました。健康的に飲もうという人が増えたからでもあるでしょう。

「灘の生一本」プロジェクト

これは、灘の蔵元の酒造りの技術者・研究者の有志たちが、共同で灘酒活性化のために始めたものです。

「生一本」というのは、現在では「単一の製造所のみで醸造した純米酒」のことです。「灘の生一本」は、かつてはすぐれた日本酒の代名詞でしたが、いろいろな経緯があって、最近では全国的に認知度が低下していました。

いうまでもなく、酒造りに携わる人々は真面目です。というよりは真面目でなければ、糀菌、酵母菌とは付き合えません。彼らにとっては、灘の名声が低下していることが、我慢ならなかったのです。

そして立ち上がりました。

各蔵元は、いろいろな種類の酒を造っていますが、その中で蔵を代表する純米酒を選別しました。また、技術者・研究者の会である「灘酒研究会」からメンバーを出し、原料米、製造方法と品質の審査を行いました。この審査に合格しなければ、灘酒研究会認定の「灘の生一本」のラベルを貼ることはできません。それゆえ、各蔵の特徴をもった「灘の生一本」が、勢揃いして、小売店頭に並ぶことになったのです。これは、灘の歴史の中でも稀有のことであり、まさに画期的な大事件です。

つまりは、このような共同行動をせざるを得ないほど、日本酒業界は厳しい状況にあるということでしょう。しかし、このような真面目な行動は、必ず結果をもたらすはずです。

「鍋と燗の日」の設定

平成二三年（二〇一一）一一月、酒どころの灘、伊丹（ともに兵庫県）や、伏見（京都府）の11社が立ち上げた「日本酒がうまい！」推進委員会は、立冬の日（新暦で一一月初旬）を「鍋と燗の日」に制定したと発表しました。

記念の日の多くは、「一般社団法人日本記念日協会」によって認定されていますが、日本酒業界に関わるものでは、すでに一〇月一日が「日本酒の日」として認定されているので、「鍋と燗の日」が二つ目の記念日ということになります。

一一月ごろというのは、丁度お酒の味がのり始め、燗酒として適当な時季となります。そして、鍋が恋しくなる季節でもあります。さらに、世界の酒の中で、燗で飲む酒は、現在ではほぼ日本酒だけといってもよいのですから、世界に対して発信すれば、多くの人々に驚きをもって迎えられるでしょう。日本の四季をうまく活用した、いかにも日本らしい記念日だと思います。

日本酒が低迷している状態を打破するためには、こういう試みも役立つのではないでしょうか。11社ばかりでなく、全国の蔵元が共同で何かのイベントを行えば、大きなインパクトを与えられるのではないでしょうか。

ロックスタイルとクールスタイル

日本酒を冷やして飲む形は相当に普及していますが、さらに暑い夏に「氷」を使って涼しく飲むことを共同で推奨しています。

古く奈良時代から、氷室の氷に酒を注いでオン・ザ・ロックを楽しんでいたといわれていますが、それを新しい形で推進しようとするものです。「鍋と燗の日」を提案した「日本酒がうまい！」推進委員会が「夏の新提案」として、「日本酒ロック」と「サムライ・ロック」を提案しています。

また、日本酒造組合中央会も「日本酒クールスタイル」という表現で、「氷」を使った飲み方を紹介して、日本酒を涼しげに演出して楽しむ方法を提案しています。

日本酒業界が共同して、夏でも日本酒をおいしく飲む方法を広めていくことは、大きな意味があるでしょう。

三　新しい日本酒の登場――『旨みそのまま10・5』の衝撃

アルコール度数10・5度の純米酒登場

本格的な日本酒のうまさをそのままに、アルコール度数の低い、軽くてやさしいお酒を造ることは、日本酒業界の永年の夢でした。

「日本酒はおいしいけれど、いや、おいしいからこそ、つい飲みすぎる。そうするとアルコール度数が高いので、深酔いしてしまう。翌日にも残ることがある。もうすこし度数が低くて、おいしい日本酒があれば……」

かつて、こういう声をよく耳にしたものです。

普通の日本酒のアルコール度数の平均値は15・4度。度数の低いものでも、だいたい13・5度です。この13・5度ぐらいが、日本酒のうまさのバランスを保つ限界であると考えられていました。

沢の鶴は、平成二二年（二〇一〇）の秋に『米だけの酒　旨みそのまま10・5』を新発売して、このアルコール度数の壁を打ち破りました。平均よりもアルコール度数を約5度下げ、10・5度でありながら、お酒の旨味をそのまま保つことに成功したのです。これは、永年の研究による醸造技術の勝利です。

アルコール度数が12〜13度のワインよりも低アルコールで、味わい深い日本酒を楽しめます。しかも、この酒は、米と米糀だけで造る純米酒なのです。

逆転の発想と醸造技術の勝利

どうしてこのようなことが可能になったのでしょうか。

それは、糀をたっぷりと通常の二倍以上使うことで可能となりました。これは、実は逆転の発想です。

糀の使用割合を少なくするのが、近年の醸造技術の流れでした。原料の米に対する、糀米の使用割合は、古くは30％を超えた時代もありましたが、近年では、20％程度が普通になっていました。日本酒というのは、糀文化の所産です。糀を使わなければ日本酒らしさが失われるのです。つまり、糀の使用割合は日本酒の本質、日本酒という「型」に関わるものですから、どんな酒であれ、日本酒というかぎりは、糀を使わなければなりません。

ところが、「特定名称酒」の場合には、最低限15％以上は使用しなければならないと定められていますが、普通酒については、まったく定めがない状態です。糀の使用割合を極端に減らして、それでも日本酒といえるのでしょうか。

糀の使用割合を減らすことのメリットは、コストを下げうるということと、味わいはうすくなるがサッパリとした酒を造りやすいということです。しかし、それでいいのでしょうか。

『旨みそのまま10・5』は、糀歩合を逆に多くして、「特定名称酒」で規定されている15％の倍、30％以上の糀を使用したのです。それによって糀の作り出す旨味と味わいを多く引き出しました。

しかし、『旨みそのまま10・5』の品質の面白さは、糀の使用割合を増やしたということだけではありません。糀を多く使うことによって発酵のバランスも変化しますが、それを管理・調整する発酵技術を確立したということです。アルコール度数が低くても、味わい深く旨味の多い日本酒が造れることを実証したのです。

しかも、このお酒は米と米糀だけで醸造されたもので、さらにそのうえ、日本酒の中でも良質とされる純米酒です。天然の旨味や味わいを生かした日本酒なのです。この味わいは、糀菌や酵母菌の素晴らしいはたらきによって生まれているのです。感謝、感謝です。

さらに、糀の使用割合が多いということは、健康面からみるとアミノ酸、有機酸などの成分がとくに多いということです。つまり、美容と健康についての効果がとくに高いということなのです。

新開発賞、新技術賞を連続受賞！

沢の鶴は、平成二二年（二〇一〇）の秋に『米だけの酒　旨みそのまま10・5』の1・8リットルパックと900ミリリットルのパックを新発売しました。そして平成二三年（二〇一一）の春には300ミリリットル瓶を新発売しました。

その直後、このお酒は全日本国際酒類振興会主催の第32回全国酒類コンクールの新開発酒部門で第一位を受賞しました。

この審査は、元醸造試験所所長、鑑定官室長、醸造・発酵研究者などの専門家各氏の投票と、一般公開投票を合わせて行われるもので、そこで栄えある第一位に選ばれたのです。

平成二三年初秋に行われた食品産業新聞社の主催する第41回食品産業技術功労賞（技術・アイデア部門）も受賞しました。日本酒に詳しい研究者から強い推挙を受けたとのことです。

また、同じく平成二三年晩秋に行われた日本食糧新聞社主催の第25回新技術・食品開発賞も受賞しました。選考委員長は、食と酒の最高権威、児玉徹東京大学名誉教授、委員には、荒井綜一東京農業大学総合研究所客員教授などが名を連ねています。食と酒の専門研究者の選考によって選ばれたということです。

日本酒業界の永年の夢をかなえた画期的な新商品であり、画期的な新技術であると、それなりに自信をもってはいましたが、平成二三年度に催されたコンクールに出品して、すべてで受賞の栄に輝いたのは望外の幸せでした。

さらに、平成二四年（二〇一二）九月、特許庁から製法特許の取得を承認されました。この『旨みそのまま10・5』の新規性と進歩性が公的に承認されたのです。まことに有難いことです。

女性と高齢者から歓迎の声

『旨みそのまま10・5』は、女性から、多くの賞賛をいただいています。

「甘味を感じるのと同時に味わいが深いんです。しかも後口がサッパリしています。おいしいお酒ですネ」

旨味成分、つまり、アミノ酸・有機酸などの成分には、深い味わいとともに、甘く感じられる成分があります。それが多いのです。しかも、灘の宮水を使った純米酒「灘の生一本」ですから、後口が爽やかなのです。女性が好む味となっています。そのうえアルコール度数が高くないので、ふだん、お酒を飲みつけていない人でもおいしくいただけます。

健康上、アルコールを控え目にしなければならない高齢者からも賛辞が寄せられています。

「本当に素晴らしいお酒を造ってくれました。日本酒の深い味わいがあるのに、アルコール度数が低いので、深酔いすることがありません。日本酒は若いころから好きでよく飲んできましたが、こんなお酒に出会ったことはありません。ありがとうございます」

女性からも、高齢者からもほめ言葉をいただいています。酒に強い人からは、「ややもの足りない」という意見もあります。お酒は嗜好品ですから、それぞれ好みがあります。私自身はそれほどお酒に強いとはいえないので、『旨みそのまま10・5』は今や手放せない友となっています。

考えてみると、全体として日本人はお酒に強い民族ではありません。これは残された骨でわかっていますが、古く縄文人は、アルコール分解酵素が2種類ありました。他方、弥生人、現在の日本人のほとんどは、アルコール分解酵素が1種類しかありません。酒に強い民族とはいえないのです。そのせいか、日本人にとっては、従来の日本酒では、アルコール度数が高すぎるというジレンマがありました。そのジレンマを解決したのが、『旨みそのまま10・5』。まさに日本人にとって衝撃的な日本酒です。これまでは、ほとんどあり得ないと思われていた日本酒が出現したのです。

なお最近では、料理研究家やシェフの中に、このお酒はアミノ酸などの旨味成分が多いので、「料理の酒」として活用される方も現れています。

ともあれ、日本酒業界全体としてみれば、今後も、新しい日本酒が生まれてくる可能性があるということです。そして、新しい形の日本酒の登場は、日本酒業界全体に活力を与えることになるでしょう。

沢の鶴は、『旨みそのまま10・5』を大切に育てていきたいと考えています。

四　世界へ羽ばたく日本酒

和食が無形文化遺産に登録

ユネスコ（国連教育科学文化機関）の「世界遺産」は、日本でも有名になっています。「文化遺産」や「自然遺産」に登録されたところが、日本でも観光の名所になって、訪れる人が急増しています。

二〇〇三年（平成一五）には「無形文化遺産」も対象となりました。形にならない社会的慣習や祭礼行事、文化なども登録の対象となったのです。日本では「能楽」「人形浄瑠璃文楽」「歌舞伎」などがすでに無形文化遺産として登録されています。

食の「無形文化遺産」としては、フランスの美食術、地中海料理（スペイン・イタリア・ギリシャ・モロッコの共同登録）、メキシコの伝統料理、トルコの伝統料理ケシケキの四つが登録されています。

日本でも、二〇一一年（平成二三）の夏から農林水産省が「日本食文化を世界無形文化遺産に」と呼びかけ、委員会の検討を経てユネスコに登録を申請し、二〇一三年（平成二五）一二月、「和食 日本人の伝統的な食文化」が、無形文化遺産に登録されました。

これは画期的なことです。日本人の和食に対する関心は高まり、和食の一翼を担う日本酒の見直しも進むことになるでしょう。世界的視野からいっても、大変好ましいことです。

國酒プロジェクトの発足と展開

平成二四年（二〇一二）五月、当時の古川元久国家戦略担当大臣は「ＥＮＪＯＹ ＪＡＰＡＮＥＳＥ ＫＯＫＵＳＨＵ（國酒を楽しもう）」プロジェクトの立ち上げを発表しました。

その理由です。

①日本酒及び焼酎は、日本の「國酒」であり、日本の気候風土、日本人の忍耐強さ・丁寧さ・繊細さを象徴した「日本らしさの結晶」である。

②日本酒及び焼酎は、地域活性化や外国人観光客にとっても重要で「地域発・日本再生の救世主」である。

③日本酒及び焼酎は、他国料理との相性の良さも認識されつつあり、「二一世紀の異文化との架け橋」である。

このプロジェクトの答申は、「國酒等の輸出促進プログラム」というタイトルで、平成二四年（二〇一二）九月に発表されました。

その後、政権交代がありましたが、この構想は引き継がれ、具体化が進みつつあるのは有難いことです。なお、国会議員の先生方の間で「國酒を愛する議員の会」が誕生したのも、嬉しいことです。

日本酒、世界に羽ばたく

日本国内の厳しい現状とは異なり、日本酒の輸出は好調です。表5は、二〇〇一年(平成一三)以来の日本酒の輸出総量の推移です。二〇〇九年(平成二一)を除いて、毎年前年数量を超えており、一〇年間でほぼ二倍の数量となっているのです。この期間は、為替が円高傾向であったことを考えると、日本酒は輸出に関して相当に強い力をもっているといえるでしょう。

この流れは続くのでしょうか。なぜこの時期に日本酒が世界でもてはやされるのでしょうか。

これは世界的な和食ブームと関係があります。平成の時代になる前から和食ブーム

表5　日本酒輸出実績

	数量（リットル）	前年比	石数
2001年	7,051,644	95.1%	39,091
2002年	7,504,435	106.4%	41,601
2003年	8,269,524	110.2%	45,842
2004年	8,796,179	106.4%	48,762
2005年	9,537,132	108.4%	52,869
2006年	10,268,510	107.7%	56,923
2007年	11,333,580	110.4%	62,828
2008年	12,151,382	107.2%	67,361
2009年	11,949,068	98.3%	66,240
2010年	13,770,045	115.2%	76,334
2011年	14,022,296	101.8%	77,733

1キロリットル＝5.5435石

は進行していました。日本人の長寿は健康食である和食のおかげであると考えられ、和食ブームは世界に広がりました。しかし当初は、その割には日本酒の海外輸出は伸びませんでした。和食によく合う日本酒も、実は健康飲料であるという認識がうすかったのでしょう。

そしてようやく、世界の和食ブームに日本酒が合流し始めたのです。やはり、和食には日本酒が合うということが認識され始めたのです。それとともに、香りや味に個性をもっている日本酒そのものの良さも認識されつつあります。ビールやワインなどと比較しても、それ以上に日本酒に可能性があるのは、西洋料理・中国料理・エスニック料理にも合うということです。世界の人々がこの事実に気がつけば、さらに海外市場は開けることになるでしょう。

日本酒は料理との相性で、ペケのつかない酒であり、「和」の精神をもった酒なのです。

それともうひとつ、「クール・ジャパン」の流れもあります。

海外では、日本は、カッコいい、オシャレであるという認識が広まっています。和食も日本酒も「クール・ジャパン」の一翼を担って、イメージ的に高い評価を受けています。日本酒は国内でのイメージとは異なり、カッコ良く、オシャレなのです。

さて、次に、**表6**を見てください。

これは、二〇一一年（平成二三）の日本酒の国別輸出数量を示したものです。

20位までで全体の97％を占めているので、ほぼこれらの国が日本酒の輸出国といえます。

表6　2011年 国別輸出実績（誤差は四捨五入による）

順位	国別	数量（リットル）	前年比	構成比	石数
1	アメリカ	4,070,871	109.9%	29.03%	22,567
2	韓国	2,828,223	109.2%	20.17%	15,678
3	台湾	1,680,081	102.5%	11.98%	9,314
4	香港	1,659,732	115.6%	11.84%	9,201
5	カナダ	472,692	97.6%	3.37%	2,620
6	シンガポール	375,255	104.3%	2.68%	2,080
7	中国	374,717	60.0%	2.67%	2,077
8	ベトナム	295,544	154.5%	2.11%	1,638
9	タイ	272,014	109.0%	1.94%	1,508
10	ドイツ	271,095	86.4%	1.93%	1,503
11	イギリス	259,449	86.3%	1.85%	1,438
12	オーストラリア	237,045	113.6%	1.69%	1,314
13	オランダ	190,758	100.9%	1.36%	1,057
14	フランス	112,141	91.4%	0.80%	622
15	マレーシア	98,875	97.6%	0.71%	548
16	ブラジル	96,986	35.9%	0.69%	538
17	ニュージーランド	89,853	111.2%	0.64%	498
18	イタリア	74,705	50.4%	0.52%	414
19	フィリピン	73,608	122.1%	0.53%	408
20	ロシア	72,485	74.3%	0.52%	402
	小計	13,606,129		97.03%	75,426
	その他	416,167		2.97%	2,307
	輸出総計	14,022,296		100%	77,733

1キロリットル＝5.5435石

この数量は、各国での和食ブームの浸透度合が大いに関係していると思われます。また、日本との文化的関係の深さも関係しているといえるでしょう。

平成二三年（二〇一一）の実績なので、前年比をみると、東日本大震災による原発事故に対応しての、各国の農林水産物・食品に対する輸入規制の状況を反映しているのがわかります。ともあれ、紆余曲折はあるにしても、全体としては、日本酒の海外輸出は拡大していくことになるでしょう。

日本酒は、日本から世界へ羽ばたきつつあります。

日本酒の良さ、素晴らしさを海外の人々は認識しつつあります。

日本人が、日本酒の良さ、素晴らしさに気づき始め、日本酒を愛し始める日も、まぢかに迫っているのではないでしょうか。

おわりに

「金を残すは下、仕事を残すは中、人を残すは上」

関東大震災後の東京復興をリードされた後藤新平氏は、このような言葉を語られたといわれます。

私の場合、誰に教わったのか定かではありませんが、子供のころにこの言葉がインプットされていました。なんとなく心に入り込んだのでしょう。

今や古稀を迎えようとする歳になって思うのは、文化の問題も含めて、子供のころにインプットされたことは、結局、生涯消えることはないということです。

人を残すということは、やはり相当に難しいことなのでしょうか。「人はうしろ姿をみて育つ」と昔からいわれてきました。私自身、そういうふうに思っていましたので、人を育てることに意を用いることはあまりありませんでした。しかし、実際のところ、現代ではうしろ姿をみて育つということは、少なくなっているようです。振り返ってみて、この点については、反省しなければならないと思っています。

仕事を残すことに、私自身としては心がけてきたように思います。日本酒業界に関していえば、本文中でも触れましたように、燗・冷やの名称と温度の定義を確立したこと（109頁）、初めて公開の酒蔵資料館（沢の鶴資料館）をオープンしたこと（189～192頁）、平成一八年

（二〇〇六）の三倍増醸酒廃止のきっかけを作ったこと（105頁）、日本酒で乾杯運動展開のきっかけを作ったこと（233～235頁）などは、意味のある仕事となったように思っています。

しかしながら、これらのことは、国酒・日本酒の抱える諸問題の一部にしかすぎません。日本酒業界には、まだ解決すべき問題が多く残っていると思います。また、国酒・日本酒の謎は、まだ解き明かされていないように思います。本書では、不充分ながら、いくつかの問題について「謎」に迫ろうとしました。日本酒産業に関わる若き人たちが、国酒と呼ぶにふさわしい日本酒の業界となるよう力を尽くされることを切望するものです。

また本書によって、日本酒に関心をもつ皆さん方がさらに興味を深め、日本酒に対する愛着を増していただければ嬉しく思います。

この本をまとめるにあたり、いろいろな先生方、とりわけ、ソムリエの木村克己先生、民俗学者の神崎宣武先生、評論家の山本祥一朗先生にたいへんお世話になりました。そして当社沢の鶴の社員諸兄、とくに醸造研究に携わる諸兄にもお世話になりました。心より御礼申し上げます。

参考文献

(1) 坂口謹一郎『日本の酒』2007年 岩波文庫
(2) 佐藤　信『美酒の設計図』1974年 大日本図書
(3) 大塚　滋『食の文化史』1975年 中公新書
(4) 加藤百一『日本の酒5000年』1987年 技報堂出版
(5) 神崎宣武『酒の日本文化』2006年 ソフィア文庫
(6) 吉澤　淑『酒の文化誌』1991年 丸善ライブラリー
(7) 山本祥一朗『美酒の条件』1992年 時事通信社
(8) 小泉武夫『日本酒ルネッサンス』1992年 中公新書
(9) 秋山裕一『日本酒』1994年 岩波新書
(10)『シリーズ・酒の文化（1～4巻)』1996～1997年 アルコール健康医学協会
(11)『改訂 灘の酒用語集』1997年 灘酒研究会
(12) 滝澤行雄『1日2合 日本酒いきいき健康法』2002年 柏書房
(13) 神崎宣武編『乾杯の文化史』2007年 ドメス出版
(14) 木村克己『日本酒の教科書』2010年 新星出版社
(15)『石毛直道自選著作集』2011～2013年 ドメス出版
(16) 沢の鶴株式会社編『酒みづき』(1～41号) 1992～2013年

写真

□ 瀬尾 隆（カバー）／田川清美（カバー袖）
□ 岡 秀行／『包む』より
□ 南浦 護／本文で使用した主な写真
□『大石蔵災害復旧工事報告書』〈大林組神戸支店編集〉より
□ 沢の鶴資料館

著者略歴

西村隆治（にしむら　たかはる）

1945年生まれ。67年京都大学法学部卒。73年同大学院法学研究科博士課程卒。同年文部教官京都大学法学部助手。74年沢の鶴株式会社入社。79年常務取締役。84年代表取締役社長、現在に至る。84年から灘五郷酒造組合理事。2002～10年兵庫県酒造組合連合会会長・日本酒造組合中央会近畿支部長。02年から日本酒造組合中央会理事。06年から日本酒で乾杯推進会議運営委員会委員長。

灘《なだ》の蔵元《くらもと》三百年《さんびゃくねん》
国酒《こくしゅ》・日本酒《にほんしゅ》の謎《なぞ》に迫《せま》る

二〇一四年　五月一五日　第一刷発行
二〇二四年　九月　一日　第二刷発行

著者　西村隆治《にしむらたかはる》

エディトリアル・デザイン／装丁　中村政久
カバー写真　瀬尾隆
本文デザイン　又吉るみ子（MEGA STUDIO）

発行　株式会社　径《こみち》書房
〒一五〇-〇〇四三　東京都渋谷区道玄坂一-一〇-八-二F-C
ＴＥＬ　〇三-六六六六-二九七一
ＦＡＸ　〇三-六六六六-二九七二

印刷・製本　中央精版印刷株式会社

ISBN 978-4-7705-0221-6